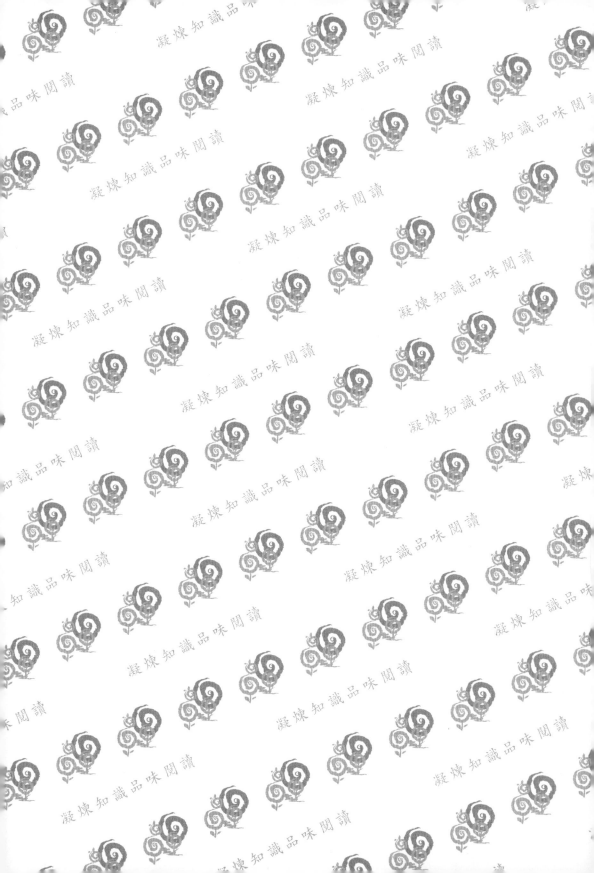

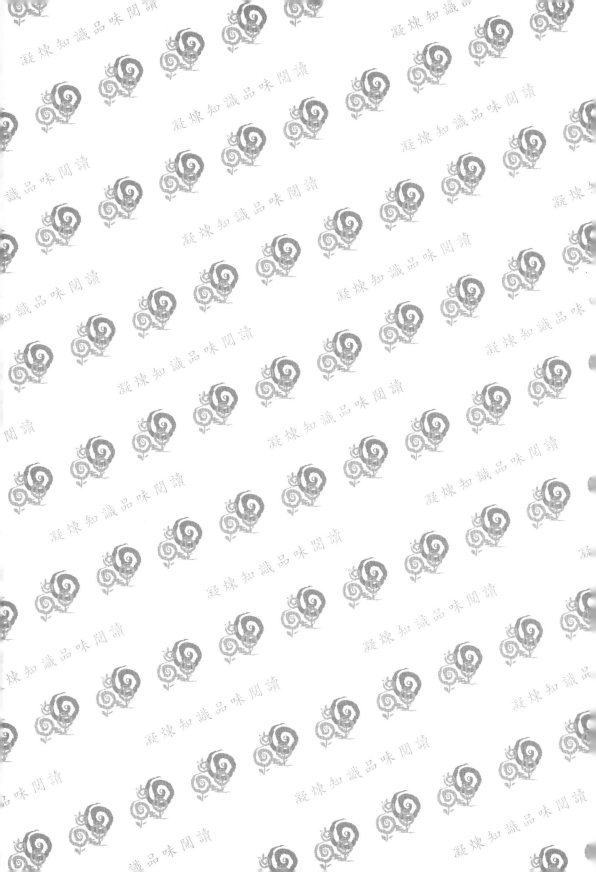

圖解
專利法

曾勝珍、嚴惠妙 著

四版序

　　圖解專利第四版的修改，仰賴共同作者嚴惠妙配合新進修法的全文更正，五南靜芬副總編與伊真責編們的鼎力協助，一本新書的產生，我的內心充滿感謝與喜悅。

　　2022 年的 8 月，我於中國醫藥大學科技法律碩士學位學程擔任專任教授，期許自己分享研究經驗與專業知識，與學子們共同成長。

　　孫兒女們各為 3 歲半與 1 歲，狗兒子們為十歲上下，他們皆是我歡喜的源頭；兒女們和其另一半們在世界各地，都有優質的工作和生活，讓我的教學與研究無後顧之憂。

　　感謝我的先生所有的支持，他期勉我繼續貢獻所學，發光發熱，莫忘初衷。感謝所有的讀者們，歡迎用我的郵件與我聯絡。

曾勝珍 謹誌
2022 年 7 月
shengtseng1022@gmail.com

自序

　　繼圖解著作權法前後歷經 3 年才問世的經驗（與黃鋒榮合著，由五南於 2012 年 3 月出版），圖解專利法從 2010 年就開始擬定大綱及蒐集資料，然而實際著手卻至 2012 年一個學術上的美麗重逢始正式啟動，因此，我要先感謝五南靜芬副總編的提醒——我要完成整套圖解智財權法的計畫，與五南執編們的協助。

　　重逢的故事則是當年我執教嶺東商專時代的高徒，因為她又回來報考嶺東財法所，並以榜首資格繼續取得她的第二個碩士學位，為師我不但不體諒她任職國三導師的辛勞，反而逼迫她與我共同完成本書，我的理由是——為了感謝她的一路追隨，希望我倆的著作能永存國圖，以此見證前後貫穿二十年的師生情緣，惠妙，老師真心體會你的全心相挺與全力付出，我也十分珍惜你和姪女——嚴旻真小助理，在我今年準備評鑑時隨傳隨到的支援！

　　二年前我家多了新的成員——賴 Duke 先生，是十分優雅有氣質的米格魯犬，他是出名的 research dog，非常沉得住氣陪我進行學術寫作與研究工作，人到中年——我生養的四個寶貝兒女，竟在不知不覺中，都已長成為令我驕傲的大孩子了！Duke 對我的愛使我較能釋懷進入空巢期的小沮喪，並能有更多研究成果與大家分享。

　　2013 年中我又迎接另一隻松鼠博美——賴 BOBO 先生，親人愛撒嬌的他，未滿一歲，和嶺東財所法第七 & 八屆的研究生，每天快樂的和我共同學習與歡笑，希望閱讀此書的您能充滿興味，若有任何疑義與指教，仍由我擔負文責，並請以郵件和我聯繫！

曾勝珍

謹誌於嶺東財經法律研究所

shengtseng1022@gmail.com

 第**2**章　專利法的用語

本書目錄

第 3 章 發明專利的要件及申請

本書目錄

第 **5** 章 **專利權**

本書目錄

第 **6** 章 **專利權之舉發**

本書目錄

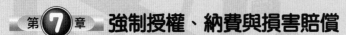

第 7 章　強制授權、納費與損害賠償

第 **9** 章 設計專利

本書目錄

第 **1** 章

專利法的基本概念

●●●●●●●●●●●●●●●●●●●●●●●● 章節體系架構 ▼

UNIT 1-1
專利法的世界觀

圖解專利法

（一）世界第一部專利權法

專利起源眾說紛紜，目前文獻公認 1474 年威尼斯共和國所頒布的威尼斯共和國專利法（Venetian Patent Ordinance），對所有創作或發明必須具有實用性、新穎性及進步性等要件，方授予 10 年期專利權，並嚴禁非經發明人同意或授權，不可於威尼斯境內製作相同或類似之器械等規定，堪稱為最早專利成文法。

（二）我國第一部專利權法

近代史上第一部有關專利的法規是 1898 年清光緒帝所頒行的「振興工藝給獎章程」，該章程明定製造船械槍砲等產品，准許集資設立公司，並依其生產方式、創新程度，分別准予 10 至 50 年不同保護；民國元年 12 月工商部公布「獎勵工藝品暫行條例」，該條例主要在鼓勵興辦工業，為國民政府時代最早的專利性質法令。不論暫行章程或條例均屬臨時性質，不足以因應時勢，為建立完善的專利制度，立法院於 1944 年 5 月 29 日公布 133 條「專利法」，1949 年 1 月 1 日施行；日後為更符合國際情勢，迭經多次修正，最新版於 2022 年 5 月 4 日修正公布，施行日期由行政院定之。

（三）巴黎公約

1883 年於法國巴黎訂定「有關工業財產權保護之巴黎公約」（The Paris Convention for the Protection of Industrial Property），首推為世界上最重要的條約。巴黎公約並非統一法，最主要謀求各國與國際間協調為原則，是目前適用性最廣泛、締約方最龐大的工業產權條約，亦是人類歷史上第一個保護智慧財產權的重要公約。

（四）專利合作條約

繼巴黎公約後，另一重要國際性專利條約——「專利合作條約」（Patent Cooperation Treaty）。1970 年 5 月在華盛頓召開的巴黎公約成員國的外交會議上，根據美國所提出的建議「簽訂一個在專利申請案上，接受和初步審理方面，進行國際合作的條約」，此條約著重在解決國際間申請專利的問題，讓屬地主義的專利申請制度，因此有了靈活運用的空間，該條約於 1978 年 6 月 1 日正式生效。

（五）與貿易有關之智慧財產權協定

「與貿易有關之智慧財產權協定」（Agreement on Trade-Related Aspect of Intellectual Property Rights），1996 年 1 月 1 日正式生效，為目前國際間提供智慧財產權保護態樣最為廣泛之單一多邊協定，本協定除訂定相關權利之最低保護標準外，包含各項實質權利的內容、行政層面的執行保護程序，與司法層面的救濟管道等，強制要求會員國間遵守並履行該條約上之義務，堪稱最具約束性的國際性協定。

依據 TRIPS 第 3 條有關國民待遇之規定，世界貿易組織（World Trade Organization, WTO）會員對其他會員的國民於該國申請專利時，應享有等同於會員國民之待遇；我國於 2002 年 1 月 1 日正式成為 WTO 會員後，即可適用「共同參加保護專利之國際條約」。

專利法世界觀

世界第一部專利權法	威尼斯共和國專利法
最重要的一部專利權法	巴黎公約
最具約束性的國際性協定	與貿易有關之智慧財產權協定（廣泛之單一多邊協定）
我國第一部專利權法	1898 年清光緒帝所頒行之「振興工藝給獎章程」
現行的專利法	2022 年 5 月 4 日修正公布；施行日期由行政院定之

國際組織與條約

國際組織	世界智慧財產權組織（World Intellectual Property Organization, WIPO）
	世界貿易組織（World Trade Organization, WTO）
一般性公約	巴黎公約（Paris Convention）
	與貿易有關之智慧財產權協定（Agreement on Trade–Related Aspects of Intellectual Property Rights, TRIPS）
	世界智慧財產權組織公約（Convention Establishing the World Intellectual Property Organizations）
專利相關公約	巴黎公約（Paris Convention）
	與貿易有關之智慧財產權協定（Agreement on Trade–Relted Aspects of Intellectual Property Rights, TRIPS）
	專利法條約（Paten law Treaty, PLT）
	專利合作條約（Patent Cooperation Treaty, PCT）
	歐洲專利公約（European Patent Convention, EPC）
	實質專利法條約草案（Open Forum on the draft Substantive Patent law Treaty, SPLT）
	工業設計海牙協定（Hague Agreement）
	微生物寄存布達佩斯條約（Budapest Treaty）
國際分類相關公約	國際專利分類（International Patent Classification）
	羅卡諾協定（Locarno Agreement）
其他	生物多樣性公約（The Convention on Biological Diversity）
	保護植物新品種國際公約（International Convention for the Protection of New Varieties of Plants）

UNIT 1-2 專利法的立法目的

圖解專利法

知識經濟時代來臨，有形資產衡量國家財富的標準已逐漸勢微，國力強盛與否的指標，取決於對智慧財產的創造、保護、管理與應用等綜合表現，其中又屬「專利權」最具代表性，標榜國家或機構創新研發的能量。透過完善的法規授予專利權保護，建立制度鼓勵創造與發明，互益的遊戲規則調和著私益保護與兼顧公益兩者，最終目的莫過於刺激經濟或產業之發展。

（一）保障私人利益

財產權受法律保障，任何人不得侵害。在法治教育宣導下，民法規定侵害他人財產，輕則賠償重則被關，於是乎我們對於他人有形財產之權利較為尊重；但你知道嗎？我們常常未經發明人同意或授權，任意且擅自仿冒其研究成果（俗稱專利品），早已觸犯法律相關規定而不自覺。智慧財產即是國家對於人類精神活動成果保護的權益總稱，亦屬產權中無體財產類別；專利法就是從「鼓勵、保護、利用」等角度，直接或間接保障其發明成果，發明者也總希望創作品能在市場上，為他們賺進經濟上的實質利益（或名聲上的回報），以達天賦人權之財產權觀念。

（二）促進公共利益

「昨日的創新是今日的傳統，今日的創新是明日的傳統」。一般社會大眾要如何能善用既有知識和經驗，進一步從事研發工作呢？經由政府公開出面，以契約方式和發明家簽署授權文件，將這項新技術廣泛宣導，讓任何人得以複製或修正後，不斷地再去尋求新的發明題材，不至於因重複發明而浪費社會資源。

回顧 1949 年第一部實施之專利法，第 1 條明文規定：「凡新發明之具有工業上價值者，得依本法呈請專利」，政府計畫以發展工業帶動經濟成長，重點放在工業獎勵；歷經數十年環境變遷，我國產業型態也漸漸多樣化，為激勵民間樂於投入研發申請專利，於 1979 年（第三次）修正時，將「工業上價值者」放寬至「產業上利用價值」，由此推知，政府希望藉由專利法修定釋放大利多，活絡產業以達提升國家整體經濟實力，故公益本質亦為專利制度下主要精神之一。

小博士解說

專利制度

制度的建立與產業發展（或科技進步）關係甚密，著重研究發展績效掛帥下，專利制度就是為保護發明者權利而設立的。發明人向政府提出申請，以書面方式公開揭露機要技術或核心秘密，刊登於專利公報後，藉此換取政府在物品或方法上，給予一定期間內可排除他人使用的專屬權；換言之，給予獨占市場權限，讓發明人投入研究發展的成本能夠回收，並獲取相當（或高額）的利潤，冀再次投入從事相關研發，為強化國力成就良性循環之效。

申請專利怎麼做？

跟著小博士走一遍流程吧。首先到經濟部智慧局的網站下載表格，需填寫的文件資料包括：❶申請書；❷說明書；❸圖（必要圖式說明）；❹申請權證明書（申請人與發明人相同則不需要），送件後隨時注意案件進度，直到核准專利並領取證書，切記每年還要繳納年費，這樣一來，小博士就擁有專屬使用、製造與買賣的權利囉！

立法目的

促進公共利益

專利獎

專利公告

保障私人利益

專利制度

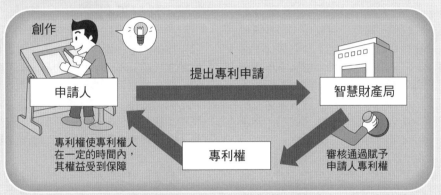

創作

申請人

提出專利申請

智慧財產局

專利權使專利權人
在一定的時間內，
其權益受到保障

專利權

審核通過賦予
申請人專利權

知識補充站 ★保護智慧財產權之相關法律

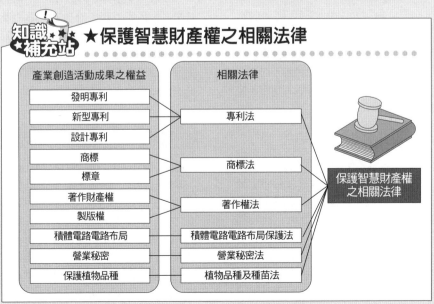

產業創造活動成果之權益	相關法律
發明專利	專利法
新型專利	
設計專利	
商標	商標法
標章	
著作財產權	著作權法
製版權	
積體電路電路布局	積體電路電路布局保護法
營業秘密	營業秘密法
保護植物品種	植物品種及種苗法

保護智慧財產權
之相關法律

UNIT **1-3** 什麼是專利

圖解專利法

全世界每天都有無數的創新與發現，別小看一個不起眼、天馬行空的構想，一旦成真，就有可能改變全人類既有的生活型態。專利世界中，依市場接受度的實用性、全新或改良技術的新穎性以及高度創作的進步性等程度，將專利區分為下列三種類型：

（一）發明專利

「科技始終來自於人性，發明自始來自於需求」，舉凡製作方法或成品的創新，只要不違反公共秩序、善良風俗或法律明文規定，原則上我們都給予保護；在自然法則基礎下，根據自身想法運用知識組合，思索出解決之道（方法），或衍生出一個可展現需求功能的成品，甚至從未實施過的新構想，全是專利權保護的對象。

發現不等同於發明，單純的資訊揭示或美術創作，也都不符合發明的定義。以多啦A夢的竹蜻蜓為例，竹蜻蜓這項產品，是；改良竹蜻蜓的生產流程或結構，也是；那，竹蜻蜓的想法呢？答案是否定的，依我國專利申請標準，必須滿足實用、新穎、進步等三要件，單純想法並不符合資格；但，具體化且有實現可能的構想，是有機會申請到專利保護的。

（二）新型專利

新型專利實質要件，同樣須具備實用、新穎及進步性，與發明專利間重疊性之高，二者應如何區別，頗讓一般民眾感到困擾。新型專利主要著重在物品的形狀，或內部構造的改變，構想與方法的創新，並不在此保護範疇；簡言之，「物品」才具備申請資格，它是介於發明與設計專利間，以功能性改良為主的專利品。

雖然新型專利對進步程度的要求並不高，別忘了，賣得出去的產品才是好發明品，未達市場利用價值者，仍無法申請到專利權的保護。我國2004年仿效德國規定，將新型專利審查程序，由實體審查改為形式審查，不須耗費大量時間進行專利檢索，故創新程度較低或想爭取時效性者，建議可考慮改採申請新型專利。

（三）設計專利

設計專利僅需具備實用性及新穎性，已無技術門檻或操作功能的要求。保護對象在於物品本身（離開物品，設計不能成立），其相關形狀、花紋、色彩，或是結合創作，強調是透過視覺訴求的專利；換句話說，藉由造型提升產品質感，吸引消費者目光，以求增加市場競爭力。

若申請日前並無相同、近似者公開在先，且非熟悉該項物品設計人士所顯而易知者，則可取得設計專利。業界常應用此專利手法，如平版電腦的外觀形狀或智慧型手機觸控式介面等，可依相關規定申請設計專利；唯獨美感的主觀認定，已自我國專利法中排除。

小博士解說

發現（Discovery）vs. 發明（Invention）

本來就存在，只是不曉得，無意間看到或費盡心力找到，稱為發現；本來沒有的，為解決困擾，經多次研究與實驗，稱為發明。舉例來說，找到現有資料尚未記載的礦石，屬發現行為；經人為創作及加工等程序，自礦石中分離得另一物質，則屬發明行為。

專利類型

發明專利	自然法則基礎下，發明者根據自身想法，在有限的時空背景裡，運用知識組合、思索出解決之道（方法），或衍生出一個可展現需求功能的成品	①製作方法或成品的創新
		②從未構想或實施過的新理念，亦可視為新發明
		③不違反公共秩序、善良風俗或法律明文規定
		④單純的資訊揭示或美術創作，不符合發明之定義
		⑤發現不等同於發明
新型專利	著重在物品的形狀，或內部構造的改變，它是介於發明與設計專利間，以功能性改良為主的專利品	①「物品」才具備申請資格
		②形狀、構造或裝置之創作：小發明
		③構想與方法的創新，並不在此保護範疇之內
設計專利	物品本身其相關形狀、花紋、色彩，或其結合之創作，強調是透過視覺訴求的專利	①有體物（離開物品，設計不能成立）
		②電腦圖像（Computer-generated icons；Icons）
		③圖形化使用者介面（Graphical User Interface, GUI）

哆啦A夢的竹蜻蜓

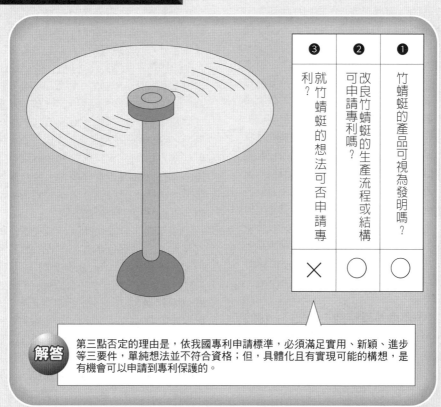

❸ 就竹蜻蜓的想法可否申請專利？	❷ 改良竹蜻蜓的生產流程或結構可申請專利嗎？	❶ 竹蜻蜓的產品可視為發明嗎？
✕	◯	◯

解答 第三點否定的理由是，依我國專利申請標準，必須滿足實用、新穎、進步等三要件，單純想法並不符合資格；但，具體化且有實現可能的構想，是有機會可以申請到專利保護的。

UNIT 1-4 我國專利法的立法過程

圖解專利法

專利促進創新，創新帶動成長，專利與經濟成長間關係錯綜複雜，關聯性之高，欲探討專利法制的變遷，試以台灣產業發展的歷程來檢視。

（一）混沌不明時期：1944～1979

明文之專利法規，1944 年制定完成，1949 年實施，乃參酌他國立法例後，可謂是世界各國專利法中的後生晚輩。1945 年二次大戰後，政府選擇以勞力密集型工業發展經濟模式，當時工業技術水平低落，專利制度並不符合現狀與所需，姑且不論其發揮功效，此階段專利法已有確立之架構。

1958 年外匯貿易改革方案，政府改採「獎勵投資發展出口」，進口代替轉向出口擴張時期；專利法於 1959 年、1960 年兩度修法，分別就互惠條款及部分條文，做文字上的修正。1970 年代末期，兩度石油危機，波及一向倚賴出口的台灣經濟，產業結構再次被迫轉型與升級，此時，專利法又開始受到業界們的重視。

雖明文規定「經濟部設立專利局掌理」，卻始終未設獨立的專利局，相關業務委由中央標準局兼辦，無專屬機構；再者，專利工作未受到重視，專家學者以兼任身分審查，外審制度造成品質低落、權責不明，甚至缺乏明確審查基準與完善鑑定制度；總言之，專利制度仍問題重重，於是乎 1978 年大幅修正條款，通盤檢討申請要件、期間、審查程序等相關內容。

（二）制度重建時期：1980～1999

1980 年代，台灣企業邁入國際化，引進新技術開發新產品，產業結構明顯轉向高科技挑戰，如新竹科學園區，正是政策調整之重要指標；建立與發展技術產業的同時，各式各樣的專利權糾紛也蜂擁而至，政府與企業不得不嚴肅正面迎戰這個燙手山芋。

美國貿易與財政雙赤字，遂將智財權視為對付外國平衡貿易的重要手段，每年貿易談判不斷以「301 條款」或「超級 301」對我國施壓，要求修改法律與加強智財權的保護。歷經 1986 年、1994 年及 1997 年三次重大修訂，特別是 1994 年修正專利法全文，為的就是與國際制度接軌，積極重返關稅暨貿易總協定（GATT）而努力；又因與最終協議草案有所出入，1997 年再度修正。此時，我國專利法已達國際標準。

（三）國際併軌時期：2000～

21 世紀進入知識密集型產業，發展戰略著重研發與創新，如何能為我國企業塑造強而有力的保障機制，是政府當前刻不容緩的任務。此階段修法重點在於，2001 年引進國內優先權制度、導入早期公開制度、廢除追加專利相關規定等，使申請審查業務單純、合理化；2003 年為加速建構更完善的創新環境，修正重點放在健全專利審查機制、智財權除罪化等項目；2010 年為配合審查實務需要，做技術性改正，包括統一對專有名詞或名稱的使用、明確授權的屬性等調整。

2011 年修正全文 159 條，本次修法幅度甚鉅，主要可分為專利審查、權利維護、專利權例外、修改強制授權與開放部分設計專利等方面，其中修改強制授權為歐盟特別關切之項目。近年來為回應學術界與產業界的期待，與美、日、韓等專利大國的法規接軌，皆有所修改，希冀能更進一步保障專利權人之權益。時至今日，我國專利制度雖已相當完善，但仍不斷努力精進，期能百尺竿頭，早日與專利先進國家齊頭並進。

我國專利史

混沌不明時期 1944～1979	❶ 1944 年制定完成，1949 年實施，乃參酌他國立法例後，可謂是世界各國專利法中的後生晚輩 ❷ 1958 年外匯貿易改革方案，政府改採「獎勵投資發展出口」；專利法於 1959 年、1960 年兩度修法，分別就互惠條款及部分條文，做文字上的修正 ❸ 雖明文規定「經濟部設立專利局掌理」，卻始終未設獨立之專利局；再則，專利工作未受重視，專家學者以兼任身分審查，外審制度造成品質低落、權責不明，甚至缺乏明確審查基準與完善鑑定制度
制度重建時期 1980～1999	❶ 1980 年代，台灣企業邁入國際化，引進新技術開發新產品，產業結構明顯轉向高科技挑戰 ❷ 美國貿易與財政雙赤字，逐將智財權視為對付外國平衡貿易的重要手段，每年貿易談判不斷以「301 條款」或「超級 301」對我國施壓，要求修改法律與加強智財權之保護
國際併軌時期 2000～	❶ 21 世紀進入知識密集型產業，發展戰略著重研發與創新 ❷ 2011 年修正全文 159 條，本次修法幅度甚鉅，主要可分為專利審查、權利維護、專利權例外、修改強制授權與開放部分設計專利等方面，其中修改強制授權為歐盟特別關切之項目 ❸ 2013 年的修法，主要是針對專利權人的切身權益，如一案兩請制度、三倍懲罰性賠償，及避免新型專利權之濫用等 ❹ 2014 年為再次強化專利權人之保護，增訂第 97-1 條至第 97-4 條「邊境保護措施」規定，俗稱「申請查扣」條文 ❺ 2016 年修法鬆綁公開事由、放寬限制及延長優惠期間，更能符合目前產業界及學術界之需求 ❻ 2019 年修法主要為擴大核准審定後申請分割之適用範圍及期限、提升舉發審查效能、限制新型專利得申請更正之期間並改採實體審查、延長設計專利權期限、檔案保存年限、其他健全法制事項及過渡條款 ❼ 2022 年為推動我國加入跨太平洋夥伴全面進步協定（Comprehensive and Progressive Agreement for Trans-Pacific Partnership, CPTPP）再次修法，將藥事法已納入專利連結制度中

UNIT **1-5** 專利的主管機關

　　生病要去醫院，肚子餓要找餐廳，欲辦理專利相關業務，需尋哪個單位處理？專利往往涉及高度專業技術，一來需有專業背景人士來認定，二來需公權力介入賦予適當的保護機制，想當然爾，政府單位必定優先於民間組織考量；依其業務屬性該如何劃分？依據中華民國憲法，行政院為我國最高行政機關；依行政院組織法，歸屬於經濟部業務；依經濟部組織法，成立智慧局。有鑑於此，智慧局自 1999 年接手辦理專利相關業務。

（一）歷史沿革

　　為何談及「接手」而非「著手」？話說智慧局成長史，1927 年成立全國註冊局，負責台灣的商標、著作、專利等智慧財產權和營業秘密事項，也就是當時的主管機關；1947 年，公布「經濟部中央標準局組織條例」，將度量衡局及工業標準委員會，合併成立「經濟部中央標準局」，此時的業務主管機關二度改名；1999 年，改制為「經濟部智慧局」，納入著作權、積體電路電路布局、營業秘密等業務，另將標準、度量衡業務，移撥至經濟部標準檢驗局，以專屬機構模式運作至今。

（二）組織架構

　　智慧局設置有 7 個組別（專利一組、專利二組、專利三組、商標權組、著作權組、資料服務組、國際事務及綜合企劃組）；6 個處室（秘書室、法務室、資訊室、人事室、會計室、政風室）；外加 1 個小組（經濟部光碟聯合查核小組），並在新竹、台中、台南、高雄等4 個地區設置服務處。

（三）業務簡介

❶健全法制

　　留意國際最新趨勢，條約或協定一有變動，隨即立即調整，並研擬出符合我國國情的法令與政策。

❷案件審查

　　為加速審理待辦案件，提供速審方案（AEP）及線上審查公開資訊機制。

❸落實保護

　　加強執行查緝仿冒盜版，辦理司法人員專業訓練，加強邊境管制等。

❹提供資訊

　　現行專利法規諮詢，統整專利相關資訊，供資料庫檢索之用。

❺國際交流

　　各國就專利相關議題或最新資訊，進行交流與合作，連結海外資源，用專利與國際互動。

❻教育宣導

　　為落實民眾對專利權的瞭解與認知，法治宣導也列為主要執行業務之一。

❼為民服務

　　提供專利視訊面詢，廣設服務處，凡事關專利業務者，即給予輔導協助。

🙂小博士解說

視訊面詢

　　專利案審查本就極為繁瑣，為對案情瞭解及審查迅速確實，專利法規定，審查人員得依申請或依職權通知當事人到局面詢。順應資訊科技潮流，智慧局目前已受理並推展「專利視訊面詢」業務，申請者如有辦理面詢之必要，「得」依申請書相關規定提出辦理，且就近在新竹、台中、台南、高雄等服務處，以視訊方式進行，無須再因面詢而南北奔波，路途不便而造成障礙，此一服務對產業界及中南部申請人而言，實為一大福音。

智慧局成長史

1927 年	全國註冊局成立
1930 年	全國度量衡局成立
1931 年	工業標準委員會成立
1932 年	工業標準委員會併入度量衡局
1933 年	工業標準委員會恢復設置
1947 年	經濟部中央標準局組織條例公布，度量衡局及工業標準委員會合併成立經濟部中央標準局
1999 年	本局正式改制為經濟部智慧財產局

智慧局的成立

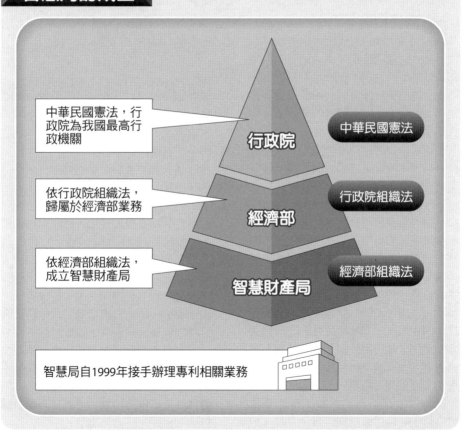

中華民國憲法，行政院為我國最高行政機關

依行政院組織法，歸屬於經濟部業務

依經濟部組織法，成立智慧財產局

行政院　中華民國憲法

經濟部　行政院組織法

智慧財產局　經濟部組織法

智慧局自1999年接手辦理專利相關業務

UNIT **1-6**
外國人的專利權

圖解專利法

全球化不是選項,是必須面對的事實。經濟實力是創意與價值的耐力賽,唯有體認學習眾人智慧結晶,才能迅速累積知識,提升產業深廣度,故國際交流勢在必行。目前,各國專利制度採行「屬地主義」,專利權僅在核准國有效;也就是說,想在什麼國家尋求保護,就須在該國家提出專利申請。舉例來說,僅持有美國專利者,不能在台灣主張專利權,必須也在台灣申請,才能同時享有美國與台灣兩地的專利保護。本國人申請我國專利,毫無問題;外國人呢?如何在保護國內市場與開放技術交流間取得平衡,參考國際共識如下:

(一)國民待遇

國民待遇是國際法慣例中的重要原則,基於該條約義務,產生相互保護專利的效果;簡言之,國家給予在境內的外國人或企業,同等於,國內公民與企業相同的待遇。當外國人所屬的國家與我國都有參加相同的國際條約或協定,或兩國都是保護專利權多邊國際條約的會員國,即可推定外國人與我國國民享有同等的待遇。

舉例來說,台灣為世界貿易組織(WTO)會員國,有義務履行貿易有關之智慧財產權協定(TRIPS),各國間可互相擁有申請專利的權利;再者,台灣亦和許多國家簽訂智慧財產權的雙邊協議,如中國大陸、日本、韓國、美國、英國、德國、法國、澳洲、歐盟內部市場協調局(OHIM)、歐洲等國;上述所列國家的國民,都可用外國人的身分在台申請專利。倘若不屬於這些簽署國之國民,亦可依列冊名單中,該國法人身分申請;以俄羅斯為例,2012 年才正式成為第 156 個世貿組織成員,在加入會員國之前,俄羅斯人可利用在美國成立公司的名義(法人機構),來台申請專利。

(二)互惠例外

台灣在國際外交場合上,常因政治考量,無法用官方身分與對方簽署國際性條約;有時甚至連民間團體,欲簽署經台灣主管機關核准之協議,常常也面臨政治打壓的窘境,最後結果往往無疾而終;慶幸,台灣的經濟實力在國際市場上,具有一定的份量,索性我國政府改以變通方式因應:受理我國國人申請專利的國家,當他國國民需要至我方申請專利時,比照辦理;反之,不論是否有訂定條約或協議,他方不受理時,我國亦拒絕申請。

😊 小博士解說

❶何謂外國人?外國人是指沒有中華民國國籍的「自然人」及依外國法所設立的「法人機構」。

❷申請人為外國公司:①外國公司得為專利申請人,向我國提出專利申請案,不須經我國認許為必要;②在台分公司,因不具有獨立法人資格,仍應以外國總公司名義為申請人;③外國分公司,依其設立地之國內法規定,具有獨立法人資格者,得作為專利申請人;④以分公司名義作為專利申請人者:Ⓐ未具獨立法人資格,將通知限期補正,申請人得改以外國總公司名義;Ⓑ檢附該外國分公司在設立地具有獨立法資格的證明文件;Ⓒ屆期未補正或補正之文件仍無法證明者,以該外國總公司名義為申請人。

❸以外文本提出申請:申請書為配合國際化,提供九種語言勾選。

外國人的專利權

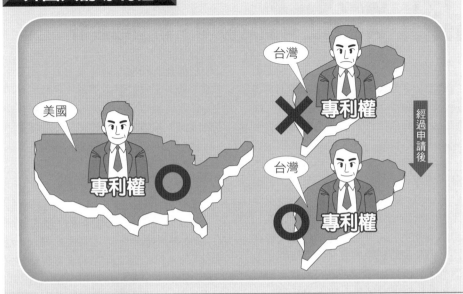

專利權申請

屬地主義	❶外國人並不當然擁有在其本國已申請之專利權 ❷專利僅在獲准的國家或地區內有效 ❸專利應向各國分別申請,分別審查,分別取得
主張優先權	❶已在外國提出專利申請 ❷屬相同之發明／創作 ❸其所屬國家須與我國相互承認優先權 ❹第一次提出申請專利之次日起十二個月內(設計六個月內) ❺申請人若為外國人,其所屬國家承認我國國民之優先權

 ★申請文件

❶以中文本提出:申請說明書、專利範圍及必要之圖式,以外文本提出者,應於智慧財產局指定期間內補正中文本,認定時仍以外文本提出之日為申請日。

❷未於前項指定期間內補正中文本者,其申請案不予受理;但在處分前補正者,以補正之日為申請日,外文本視為未提出。

❸申請權示意:主要運用於採行先發明主義之國家(如早期美國);申請人提出專利申請時,應已於申請書上表彰其具有申請權,譬如繼受申請權人須檢附取得申請權之相關證明文件。

❹多數採行先申請主義之國家中,提出申請時無須附具申請權證明文件,例如日本、大陸地區及歐洲專利公約(EPC)。

UNIT **1-7**
與職務上有關之發明、新型或設計

「老闆出錢，員工出力」是職場不變之定律。老闆職責，努力經營公司，盡最大能力給予員工豐厚的待遇；員工職責，做好分內工作為公司盡一份心力。專利研發這條路，企業所仰賴的資金投入，與設備成本是很驚人的，除競爭商品的威脅、經濟景氣循環的考驗，還得冒著研發失敗的風險，一不小心就很容易血本無歸，外加負債一堆；能否靠創新浴火重生，在市場夾縫中殺出一條血路，仍是個未知數，故研發創新對企業而言，是條艱困卻又必經之險路，研發成果的歸屬更考驗著企業主的能耐。

（一）僱傭關係

典型僱傭關係中，謂指當事人約定，一方於一定或不定之期限內為他方服勞務，他方給付報酬之契約；換言之，員工無論其研發有無成果，均享有薪資報酬的給付。員工領受薪資，使用企業所提供的資源環境，於職務上完成其發明或專利，本屬工作範圍內之認定，雇主理當取得專利申請權及專利權；倘若未屬職責範圍內之認定，則需付適當之報酬。

舉例來說，假設員工主要工作內容就是從事研究發展，領受的薪水本身就高於一般工作人員，老闆於聘任起薪時，已將發明報酬考慮在內，故研究人員不應在薪水之外，另外要求支付額外的獎勵；相反來說，員工若只是無心插柳柳成蔭，當初聘任並未考慮到對等代價時，老闆則必須支付給發明者相當的報酬，以茲獎勵。

不論其職責範圍，凡使用公司資源完成研發者，為平衡雇用人與受雇人間之權利義務關係，故專利法規定其專利申請權及專利權歸屬於雇用人；簡單來說，當員工未經雇主同意，自行或私下將研發成果申請專利，這時老闆可直接要求員工移轉或返還該專利權。當然，我們也可依私法自治原則，尊重當事人自行約定的結果。

（二）承攬委任

承攬契約是一種雙務契約，雙方當事人在契約中約定，一方為他方完成一定之工作，待他方工作完成後，應給付合理之報酬；也就是說，請求完成工作的過程中，承攬人除勞務供給外，尚需提供工作場所、設備、材料及原料等。以此譬喻，僱傭關係是負責「工」，那麼承攬關係就是「連工帶料」。

在承攬或委任關係中，一方出資聘請他人從事相關研究，當約定完成並有研究成果時，該所有權應如何歸屬？專利法採取較彈性的做法，除姓名表示權外，理應尊重當事人的契約自由原則。然而，一旦契約未約定時，推歸屬於發明人所有，相對於出資人而言，則賦予得實施的權利；畢竟出錢者是老大，之所以想出資供研究發明，目的不就是為了要「有權」使用，不是嗎？

小博士解說

姓名表示權

基於發明者人格上權益的保障，發明者在任何狀況下，均擁有姓名表示權；也就是說，當申請人非發明者時，申請書上仍應載明發明者姓名，以表彰對發明的貢獻，且應附具相關文件（如僱傭、受讓或繼承文件），證明專利申請權人與發明者間的關係。

僱傭關係

承攬委任

雙方簽訂契約,發明產生以後,專利所有權歸發明人,出資者可做成商品販售

專利申請權

有權提出專利申請之人	可申請專利之權利;取得專利申請權人,才有權向智慧財產局提出申請專利
	專利申請權得讓與或繼承,不得作為質權之標的
	❶發明人:發明人即為有權提出專利申請之人 ❷發明人之受讓人:發明人將專利申請權讓與他人,受讓者取得後可具名申請 ❸發明人之繼承人:發明人死亡後,依民法(§1148)繼承該專利申請權之人 ❹雇用人:僱傭關係中所完成之發明、新型或設計,其專利申請權屬於雇用人 ❺出資人:一方出資聘請他人從事研究開發者,得約定專利申請權屬於出資人所有

UNIT *1-8*
非與職務上有關之發明、新型或設計

圖解專利法

職務上所完成的發明成果，屬雇用人所有；非職務上所完成的，則歸屬於受雇人。然而，「職務上」的概念界定不易，是依照老闆的具體指示？還是職掌工作冊上的規定？甚至是業務相關的要求？如何定義「職務上」的範圍，真是個不易解決的難題。實務上較常見的做法，其判斷基本概念如下：

（一）職責範圍

員工在聘僱關係存續期間內，基於非僱傭關係中的工作，如利用工作閒暇之餘所完成，或完成與工作無關的發明等，屬於「非職務上」研發成果。單論就職責範圍而言，公司組織架構中，研發部門與設計部門，或擔任與技術開發有關的職員、處長、廠長等，因執行公司權限與職責，完成其發明，屬於職務上的專利；換言之，只是公司一般職員，無權接觸研發相關事務，基於個人興趣且無使用公司資源，其發明成果就視為員工私下的行為。

原因在於：一來，老闆並無指示或監督的貢獻；二來，沒提供研發資訊、設備等成本；三來，更不需承擔所有研發的相關風險。俗語說，天下沒有白吃的午餐，成功當然屬於努力付出的發明人所擁有；即使專利項目恰巧與公司營業項目相似或雷同，亦歸屬於員工私人之行為。但，倘若有使用到公司設備、技術或相關資源，專利雖屬員工所有，老闆可在支付合理報酬後，有權經營或使用該研發之成果。

（二）通知義務

為有效處理雙方糾紛，員工從事非職務上研發時，需賦予通知雇主之義務。發明者以書面通知老闆，如有必要也應告知創作過程，收到通知後六個月內，未向員工表示反對者，將來不得主張該發明、新型或設計為職務上的研發成果。「通報上級」在法律與實務間，是一種普遍且常態性的做法，如此一來，公司得有機會事前判斷，員工個人研究與職務屬性的關聯性，進而決議是否據以主張該權利，有效釐清權責，避免將來的糾紛鬧上法庭。

（三）保障權益

非職務上之發明乃受雇者之固有權利，非當事人間特約所能排除，故當事人如約定由雇用人享有，其約定無效。舉例來說，發明人與公司老闆簽訂契約，雙方明文約定發明人放棄，或不得享受發明之成果，則該契約無效。主要目的在於保障僱傭關係中，經濟地位較低之員工，避免因地位不平等，被迫喪失其專利申請權或專利權。

（四）權利協調

針對職務與非職務上，專利權歸屬爭執應如何處理？依照智慧財產局之見解，因涉及契約內容、私有權利等爭議性問題，專利專責機關無權認定，故專利法僅說明，雙方當事人因權利歸屬爭執已達成協議者，得附具證明文件，向專責機關申請變更；若無法私下協商時，應由雙方依相關法令，如民事訴訟法、仲裁法等，取得訴訟法上之調解、和解、判決或仲裁決定，以求解決。需特別注意的是，關於舉證責任之歸屬分配，是否於僱傭關係存續中所完成，或者是職務上與非職務上有所爭議，均應由雇主對此負舉證的責任。

UNIT *1-9*
專利申請權及專利權均得讓與或繼承

圖解專利法

專利權有排他或獨占之權能，具有經濟或商業上的利益與價值，既為財產權，理所當然可依民法規定，交易流通於市場上；專利申請權則代表一種期待權，能否取得專利權仍有變數，亦非全無經濟上之價值可言。是故，衡量標的物「有」、「無」之具體差異，專利法於實際運用上，有不少例外之規定。

（一）讓與

專利申請權及專利權之讓與，當雙方當事人達成合意時，就已經發生權利轉讓之效力。依規定需至智慧局辦理登記，應準備文件有：❶申請書；❷讓與契約書；❸身分證明；❹原發之專利證書；❺代理人委任書（非本人親自辦理時），此步驟稱之為「專利權讓與登記」，建議在專業律師的協助下進行。特別留意，專利申請權及專利權已變動，卻未經變更申請者，不得對抗第三人；也就是說，當有人侵害你的專利權益時，因沒申請變更登記，就不得對侵害者主張權利。

（二）繼承

從權利行使的角度來看，繼承事實發生時，就已經發生繼承的效力。依規定需至智慧局辦理登記，應準備文件有：❶申請書；❷死亡與繼承證明文件；❸規費；❹原發之專利證書；❺代理人委任書（非本人親自辦理時），此步驟稱之為「專利權繼承登記」，建議在專業律師的協助下進行。特別留意，專利申請權及專利權已變動，卻未經變更申請者，不得對抗第三人；也就是說，當有人侵害其專利權益時，未辦理繼承登記者，就不得對侵害者主張其權利。

（三）質權

專利權是經政府審查確定後，在明確範圍內給予專屬的權利，當然可以拿來設定質權，視為財產權處分之標的。唯獨專利權屬無形資產，等同於無法估算日後龐大商機，為避免將來有所爭議，除雙方當事人以契約明文規定外，質權人不得實施其專利權。

專利申請權，不可成為質權標的。理由如下，我國專利採審查制，它只是一個先登記先贏，擁有專利研發的權利，並不必然轉化為專利權，倘若經審查不符合專利之規定而被駁回，則專利申請權亦失去了存在的價值；再者，如何能強制執行確保質權人的權利，強制執行的對象與強制執行的方法，均成為問題，故有此限制；雖不能設定質權，但得為財團抵押或企業擔保之標的，以達活用資金來源之用途。

🙂 小博士解說

讓與、繼承、質權

讓與，是指原權利人，將其所有權地位移轉予受讓人之處分行為，至於讓與之原因，可能是買賣、贈與或互易，依個案而定。繼承，在繼承制度下，被繼承人生前之財產及其他合法權益，轉歸於有權取得該項財產之人。質權，謂因擔保債權，由債務人或第三人移交之動產或可讓與之財產權，於債權屆清償期未受清償時，得就其賣得價金優先受償之權；簡單來說，就是將我有價值的財產「押」給債權人做擔保，等還不出錢來要變賣財產時，可以優先得到償還的權利。

專利權與專利申請權

專利權		
讓與、繼承、質權 （民§900）	質權者不可實施該專利，除契約另訂	無法償還→得向法院聲請拍賣（民§880）
專利申請權		
讓與、繼承	不得作為質權標的（未來不確定性）	設定、變更或消滅登記等，須向機關登記

專利權讓與登記

兩個人到智慧局，甲要把專利權讓與給乙

要準備以下文件

- 申請書
- 讓與契約書
- 身分證明
- 原發之專利證書
- 代理人委任書（非本人親自辦理時）

專利權繼承登記

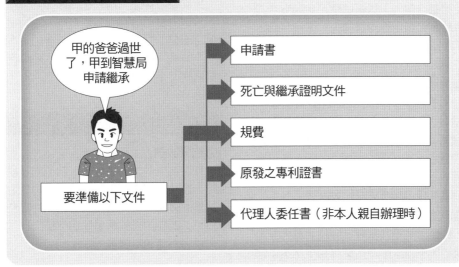

甲的爸爸過世了，甲到智慧局申請繼承

要準備以下文件

- 申請書
- 死亡與繼承證明文件
- 規費
- 原發之專利證書
- 代理人委任書（非本人親自辦理時）

UNIT 1-10
專利申請權共有時如何處理

圖解專利法

（一）共有原因

　　一般而言，會產生申請權共有的原因，莫過於在發明過程中，有實際參與技術研發、或資金提供、或職務上委任關係等情形；申請權並不像一般的實體物，有無法分割的限制，也並不一定要百分之百的權利，可擁有全部或選擇持有一部分，這都會造成申請權共有的情形。

　　再者，專利發明的實施，與其他有體物的使用並不相同，一來，它具備共享性，共同申請人均可實施，不會因有人使用而有所影響；二來，它視投下的資本與技術不同，產生的結果也會有所差異，甚至對共有者而言，有時經濟價值亦會產生變動。為顧及對彼此間之信賴、免於合作關係受到影響，專利申請權共有時，專利法也會有較多的限制。

（二）申請程序

❶提出申請

　　應由全體共有人提出，不可以約定代表；核准時，主管機關也會將專利權核發給每一個人，以昭慎重。共同簽名連署時，可指定應受送達人，未指定時，就是第一順序的申請人，收到送達事項後要通知其他人。

❷審核過程

　　凡不利申請或對申請結果有重大影響，應得到全體共有人同意，如撤回或拋棄申請案、申請分割、改請或另有其他規定；其餘程序或事項，各人皆可單獨為之。但，有約定代表時，因已達成全體共識，此時應由代表人為之。

❸已取得權利

　　專利申請權共有時，非經共有人全體同意，不得讓與或拋棄專利申請案；部分讓與他人，需經其他共有人同意；拋棄應有部分時，該部分歸屬其他共有人所有。

（三）舉例說明

　　柯南、毛利小五郎及阿笠博士，想擁有「竹蜻蜓飛行器」專利申請權，三人必須共同向智慧局提出申請，不可約定代表，也不可以指派其中一人；通過申請案時，三人同時擁有智慧局核發的專利證書。但由於阿笠博士常常出國，故共同連署時，可指定毛利小五郎為受件者，收到文件後，需將送達事項告知柯南及阿笠博士。

　　❶撤回或拋棄申請；❷申請分割；❸改請或另有規定，因上述這三件事項，影響層面甚大，必須由三個人一起向智慧局提出申請；其他的程序，則可由柯南、小五郎或阿笠博士各自單獨前往處理。但，若三人事前已約定，由小蘭作為代表的話，則小蘭的行為優先適用於三人各自的決定。

　　當阿笠博士有意將專利申請權，轉讓或拋棄時，需經柯南或小五郎的同意；只想讓與自己的部分，也是需要經柯南或小五郎的同意；唯獨想拋棄自己應有的部分時，可自行決定，拋棄的部分則由柯南與小五郎共同擁有。

小博士解說

分割與改請

　　實質為二個以上之發明、新型或設計時，得為分割或改請之申請。兩者間之差異：分割，不得變更原申請案之專利種類；改請，得於法定期間內提出，當作是另一專利申請案。

申請分割

申請人	❶發明人應為原申請案發明人之全部或一部分,不得增加原申請案所無之發明人 ❷原申請案之專利申請權為共有者,申請分割時應共同連署。但約定有代表者,從其約定 ❸分割申請案之申請人應與原申請案之申請人相同,如不相同時,應通知申請人限期補正;屆期未補正者,分割申請應不予受理
補正方式	❶申請人可就原申請案辦理申請權讓與,使分割申請案與原申請案之申請人相同 ❷原申請案之申請人亦可僅將分割部分之專利申請權讓與分割申請人,而檢附原申請案之申請人簽署之申請權讓與證明文件
限制	❶不得變更原申請案之專利種類 ❷分割後之分割案不得超出原申請案申請時說明書、申請專利範圍或圖式所揭露之範圍
時效	❶發明專利:再審查審定前或初審(再審查)核准審定書送達三個月內 ❷新型專利:處分前或核准處分書送達三個月內 ❸設計專利:再審查審定前

專利權共同申請及拋棄或轉讓

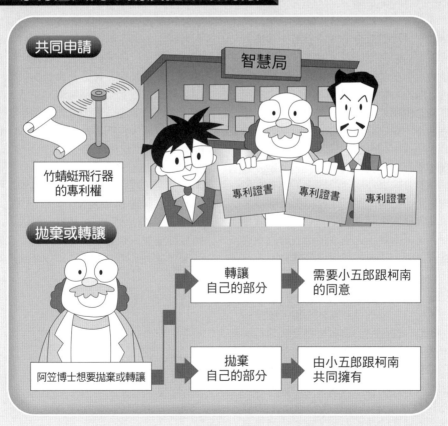

021

UNIT 1-11 專利專責機關職員及專利審查人員應注意的事項

圖解專利法

專利專責機關的職員們，個個都是具備有基本學歷及專業技能，通過國家考試，歷經層層關卡下，成為的優秀公務員。我國公務員，謹守公務人員倫理準則，謹遵為民服務之職業道德和價值觀，面對執行職務時，勤政廉明安守分際，獨立於所有個別的私利，以國家和人民的權益為優先考量。但，俗話說得好，「瓜田不納履，李下不整冠」，為能更端正風氣，有效遏阻貪污腐化，暨不當利益輸送，增進人民對公職人員廉潔操守，及政府決策過程之信賴，專利法針對此一現象，亦有相關之規範。

（一）利益迴避

「避嫌」。當利益發生衝突，應如何迴避？以往問題發生時，當事人多採自由心證的態度來應對，並未予以重視；為防止不正當利用職權，產生弊端的任何可能性，專利法明文限制，從事專利事務的相關人員，上至主管官員下至臨時職員，於任職期間內，除繼承外，不給予任何申請專利的權限，或直接、間接接受有關專利的任何權益，全世界大部分有實施專利制度的國家，都有類似的規定。不可不知，這裡所指的職員，舉凡職務與專利審查業務有直接或間接關係，不問為正式依法任用或聘用或約僱人員等，通通都在法規範疇內。

（二）保密協定

「保密」是戰爭致勝的關鍵。國家一切政務，都經由公務員來推動與執行，申請專利相關事務亦同，不論是未核准之專利申請案，或未曾公告仍維持秘密狀態等案件，都是需要安全上的維護。專利涉及高度且複雜秘密者，不勝枚舉，申請案的技術內容，審查委員最為瞭解，有關機密業務之處理，包括研擬、會商、核判、繕校、發文、歸檔等，所有程序上都會假手眾多職員及審查委員，如何才能做到明哲保身？要以國家觀念、整體觀念和保密觀念為前提，採取一切必要的防密措施，才能避免不慎外洩，被有心人士加以利用。專利法也有明文規定，明確約束經手人員保密的義務，並對違反相關規定者，課以應負的責任，最重可能面臨牢獄之災，謹記「保密防諜，小心商業間諜就在你身邊」。

（三）專利審查員資格

我國的專利審查委員聘任方式有三：委外聘僱人員、內部約聘人員及透過國家考試進入智慧財產局的公務人員；同時也參照其他國家的做法，實施專利審查人員分級制度，區分為專利高級審查官、專利審查官及專利助理審查官。專利審查人員的身分形同專利守門員，審查小組成員來自四面八方，各有專長和經歷，凡具備機械、電子、資訊、化學、光電、電信、材料工程、藥學、生物技術、電力工程、物理、食品、醫學工程及紡織工程等 14 類專業，大學畢業生，符合上述資格者，即可報考。無論經由何種管道進入智慧局，均需具備十八般武藝，才足以處理堆積如山的申請案件。

利益迴避

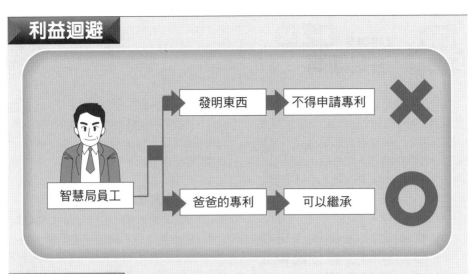

智慧局員工
- 發明東西 → 不得申請專利 ✗
- 爸爸的專利 → 可以繼承 ○

保密協定

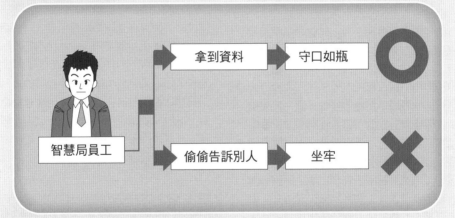

智慧局員工
- 拿到資料 → 守口如瓶 ○
- 偷偷告訴別人 → 坐牢 ✗

專利審查人員分級制度

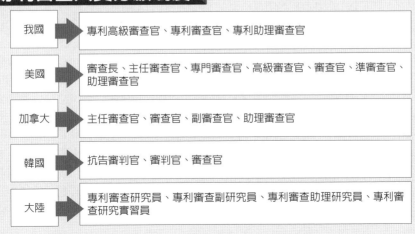

我國	專利高級審查官、專利審查官、專利助理審查官
美國	審查長、主任審查官、專門審查官、高級審查官、審查官、準審查官、助理審查官
加拿大	主任審查官、審查官、副審查官、助理審查官
韓國	抗告審判官、審判官、審查官
大陸	專利審查研究員、專利審查副研究員、專利審查助理研究員、專利審查研究實習員

UNIT 1-12
法定期間

圖解專利法

申請我國專利並不難，備具申請書、說明書、必要圖式，向經濟部智慧局申辦即可，但需特別留意法定或指定期間，時效相關規定多如牛毛，未於通知期限內補正者，後果自負，不得不慎之處理。

（一）程序之法定期間（遲誤指定期間在處分前補正者，仍應受理）

❶經濟部智慧局受理申請案後，先經由程序審查，如發現申請文件欠缺或不符合法定程序而得補正者，都會通知申請人限期補正；❷以申請案之申請書、說明書、必要圖式齊備之日為申請日；❸發明申請案自申請日起三年內，任何人均得向經濟部智慧局申請實體審查；逾三年未申請實體審查者，該申請案視同撤回；❹申請案經審查後，不予專利者，應作成審定書（含拒絕的理由），送達申請人或其代理人；申請人對不予專利之審定不服，應於審定書送達後二個月內備具理由書，申請再審查；❺申請人應於接獲專利核准審定書送達後三個月內，繳納證書費及第一年年費後，始予以公告並發給發明專利證書；屆期不繳費者，專利權自始不存在。

（二）不可抗力事件

申請人因天災或其他不可歸責於己之事由，致遲誤法定期間者，其原因消滅後三十日內，得以書面敘明理由，向專利專責機關申請回復原狀，同時在期限內，補齊本來就應完成的事項；但遲誤法定期間已逾一年者，不得申請之。例如，家中受到颱風影響，淹水災情嚴重，對外聯絡道路中斷，已逾辦理繳費的法定期限；待搶通道路，與外界聯繫後，三十天內得以書面方式說明，同時補齊應繳交的規費，申請回復原狀；若延誤期間已超過一年者，則不得再申請了。

（三）放寬延誤之規定

法律不外乎人情，申請人因「非故意」時，其法規也有相關的補救措施。❶未予申請專利同時，或被視為未主張優先權者，得於最早之優先權日後十六個月內，申請回復優先權主張，並繳納申請費與補齊相關規定的程序；❷未於核准審定書送達後的三個月內繳納相關費用者，得於繳費期限屆滿後六個月內，繳納證書費及第一年專利年費的二倍，再由專利專責機關公告，已取得專利；❸第二年以後的專利年費補繳納期限為六個月，非因故意補繳者，得於期限屆滿後一年內，申請回復專利權，並繳納三倍的專利年費後，再由專利專責機關公告，專利復效。

小博士解說

申請日認定

申請日之所以重要，在於影響專利各重要時程，如專利要件申請（§25、106、125）、檢送寄存證明文件（§27）、優先權期間（§29、30）、先申請者認定（§31）、分割申請（§34）、撤銷申請（§35）、申請公開（§37）、實體審查（§38）、更正案審定（§68）、改請申請（§108、131、132）、衍生設計專利（§127）、專利權期限起算（§52、114、135）等。起始日不計算在內：發明專利（20年）、新型專利（10年）及設計專利（15年），自申請日當日起算。

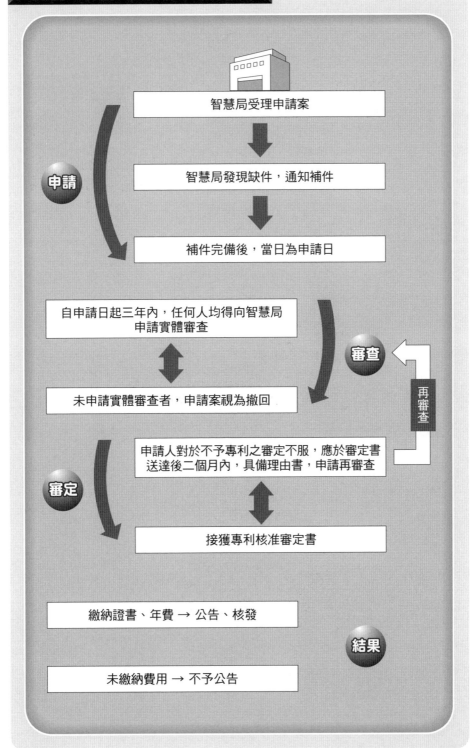

發明申請案程序之法定期間

申請

智慧局受理申請案

↓

智慧局發現缺件，通知補件

↓

補件完備後，當日為申請日

審查

自申請日起三年內，任何人均得向智慧局申請實體審查

↕

未申請實體審查者，申請案視為撤回

再審查

審定

申請人對於不予專利之審定不服，應於審定書送達後二個月內，具備理由書，申請再審查

↕

接獲專利核准審定書

結果

繳納證書、年費 → 公告、核發

未繳納費用 → 不予公告

第 **2** 章

專利法的用語

● 章節體系架構

UNIT *2-1*
專利申請權與專利申請權人

以發明對社會有貢獻為出發點，透過保護專利權人為手段，誘使發明人公開技術，提升產業層次，並給予相對的報酬，此報酬即為賦予發明人專利權。申請專利，必須具有專利申請權，始得為之；何謂專利申請權？何謂專利申請權人？並非漫無限制，名詞定義及具備資格，源自於專利法相關規定中。

（一）專利申請權

一旦發明或創作完成後，即享有專利申請權及姓名表示權，一般合稱為「發明人的權利」。姓名表示權屬人格權，無需申請即可享有：不可拋棄、不可侵害及不可轉移三大特性；所謂專利申請權，指的是申請人檢附相關證明文件，有權提出申請。反之，專利專責機關對於申請案是否核准？是否授予專利權？則看智慧局的決定。

專利權並非專利權人與生俱來的基本權，是經過申請及審查核准後，才授予的權限；換句話說，專利申請權是申請專利的先決條件，是一種專利法上的程序權，也是一種期待權的表徵。舉例來說，飛哥與小佛研發隱形噴射機，當飛機完成一剎那，他倆皆同時享有申請專利的權利，「這權利」屬無體財產，可自行保有、轉讓，也可繼承，除不得為質權之標的外，與財產法上的權利使用大同小異。

（二）專利申請權人

申請專利乃由專利申請權人提出。專利申請權應歸屬何人所有，依取得方式分述如下：❶原始取得：實際進行研究發明，經其努力貢獻後，無須申請直接擁有（補充說明：因發明屬事實行為，

就算限制行為能力或無行為能力之人，也可成為發明個體，但僅限於自然人身分）；❷繼受取得：專利屬財產權範疇，得作為處分之標的，故可透過讓與或繼承等法律行為，間接取得專利申請權；❸專利法另有規定：因僱傭關係或承攬委任等法定行為，則依法判定是受雇人持有或受聘人擁有該專利申請權；❹契約另有約定：基於契約自由原則，當事人得自行約定專利申請權之歸屬，如學校或研究機構等。

🙂 小博士解說

錯誤發明人的記載，除了可能造成專利申請權及專利權歸屬不明外，最嚴重可是會導致專利無效或不能實施。我國專利法規定，如專利權人為非合法專利申請權人，專利專責機關可撤銷其專利權，並限期追繳證書，無法追回者，公告註銷；舉例來說，雇主舉發員工為非專利申請權人，因員工利用職務之便所完成，專利申請權應歸屬雇主之研發成果才對。由此可知，除瞭解專利法條外，能否辨別專利名詞，亦甚為重要。

❶發明人：就「發明專利」與「新型專利」，與技術有直接相關且做出實質貢獻之人。

❷創作人：單指「設計專利」，因與技術無直接關係，故以創作人稱之。

❸專利申請權人：擁有專利申請權之人，依申請權歸屬可分為原始取得及讓與取得。

❹申請人：指以自己名義向專利專責機關提出專利申請之人。

❺專利權人：指專利權之所有人。

發明人權利

姓名表示權　不用申請就有

專利申請權　有權提出申請　通過與否？

專利申請權取得方式

原始取得

繼受取得　權利

法定歸屬

契約約定

各國專利申請權人稱謂一覽表

適用型態	我國	其他國家
發明專利	發明人	❶「inventor」：巴黎公約（§4-3）、美國專利法（§116）、歐洲專利公約（§60）、英國專利法（§7）、德國專利法（§6）及韓國專利法（§36） ❷「發明者」：日本特許法（§36） ❸「發明人」：大陸地區專利法（§6）
新型專利	新型創作人	❶「inventor」：韓國新型專利法（§5） ❷「考案者」：日本實用新案法（§5） ❸「發明人」：大陸地區專利法（§6） ❹ 歐盟並無新型專利制度
設計專利	設計人	❶「creator」：海牙協定中與國際工業設計註冊有關之日內瓦公約（§5）及韓國設計法（§1-2） ❷「designer」：歐盟設計指令98/71/EC（§6）及澳洲設計法（§13） ❸「意匠の創作をした者」：日本意匠法（§6） ❹「設計人」：大陸地區專利法（§6）

UNIT **2-2**
誰能當「專利師」

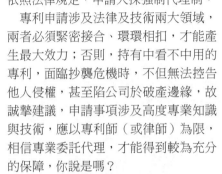

圖解專利法

欲申請專利,該如何處理?原則上,國人想申請專利事宜,自行至智慧局辦理或委任代理人即可,除非申請人於中華民國境內,無住所或營業所,才需要依照法律規定,申請人採強制代理制。

專利申請涉及法律及技術兩大領域,兩者必須緊密接合、環環相扣,才能產生最大效力;否則,持有中看不中用的專利,面臨抄襲危機時,不但無法控告他人侵權,甚至陷公司於破產邊緣,故誠摯建議,申請事項涉及高度專業知識與技術,應以專利師(或律師)為限,相信專業委託代理,才能得到較為充分的保障,你說是嗎?

(一)專利師

台灣自1949年1月1日起,即已施行專利法,專利師法或專利代理人法,卻處於原地踏步狀態,一直尚未賦予法律的位階,數十年來,只好沿用行政命令位階的專利代理人規則。隨著證照時代來臨,專業職能認證日漸受到重視,專利師法自2008年1月11日開始施行,專利師以專利代理人身分,具名代理申請人向智慧局為專利之申請、異議、舉發、讓與、信託、質權設定、授權實施的登記及特許實施事項等;換言之,舉凡日後任何人需要申請專利,都可透過專利師代為處理。

(二)培育流程

考試及格(考選部)→申領證書(智慧局)→職前訓練(智慧局)→加入公會(專利師公會)→申請登錄(智慧局)。

(三)業務規範

除協助企業(或個人)將發明或創作向智慧局申請,專利師還身兼具有舉發抄襲或仿冒的義務,可謂是發明人或創作人的利益守護者。

❶國內外專利申請業務代理,如申請階段補正及補充說明、拒絕理由的應對、與審查委員面談之申請及協助等。

❷專利異議、舉發、訴願、行政訴訟等行政救濟程序的申請,及提供答辯對策等。

❸專利權各樣式的變更登記,如讓與、信託、質權設定、授權實施登記及強制授權等事項。

❹其他依專利法令規定之相關業務。

😃小博士解說

應考資格

依「專門職業及技術人員高等考試專利師考試規則」第5條規定:應考資格為具有專科以上學校理、工、醫、農、生命科學、生物科技、智慧財產權、設計、法律、資訊、管理、商學等相關學院、科、系、組、所、學程畢業,領有畢業證書者;另普通考試技術類科考試及格,並曾任有關職務滿四年,有證明文件者,亦可應考。

應試科目

依上開考試規則第6條規定,共計7科,包括專利法規、專利行政與救濟法規;專利審查基準與實務、普通物理與普通化學、專業英文或專業日文(任選一科)、工程力學或生物技術或電子學或物理化學或工業設計或計算機結構(任選一科)、專利代理實務。

專利師

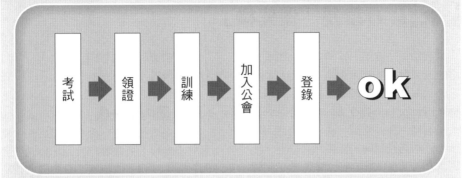

業務規範

專利師

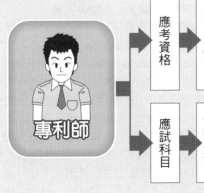

應考資格	依「專門職業及技術人員高等考試專利師考試規則」第5條規定： 應考資格為具有專科以上學校理、工、醫、農、生命科學、生物科技、智慧財產權、設計、法律、資訊、管理、商學等相關學院、科、系、組、所、學程畢業，領有畢業證書者；另普通考試技術類科考試及格，並曾任有關職務滿四年，有證明文件者，亦可應考
應試科目	依上開考試規則第6條規定，共計7科，包括專利法規、專利行政與救濟法規、專利審查基準與實務；普通物理與普通化學、專業英文或專業日文（任選一科）、工程力學或生物技術或電子學或物理化學或工業設計或計算機結構（任選一科）、專利代理實務。

UNIT **2-3** 什麼是「優先權」

專利法採一發明一申請原則，當同一發明有多數申請案競合時，取得專利權之勝負關鍵在於時機點，換言之，優先權（right of priority）概念好比是先搶先贏制度。在外國第一次依法申請專利後，就相同發明向我國申請專利時，申請人得主張該外國專利申請案之申請日，稱之為國際優先權；另一國內優先權是指，已在我國先申請專利案，「再」提出發明或新型專利申請時，得就說明書、專利範圍或圖式所載範圍，主張優先權利；也就是說，無論是國際優先權或國內優先權，後申請案皆能以基礎案或先申請案之申請日，主張為優先權日。

（一）國際優先權

為避免因外文翻譯、法定程序疑義或實際距離等因素，各國間協議出一套解決此窘境的制度；主要保障發明人不至於在某一國申請專利後，因公開而導致喪失新穎性，或已被他人搶先申請導致不符合專利要件，無法順利取得其他國家的專利。

在優先期間內，發明人可向多國提出申請，以求取最大範圍的保護，也就是說，透過優先權制度將相關發明布局全球，形成另類的專利家族；切記，國際優先權並不是主管機關主動依職權判斷，需由申請人自行主張才行。

舉例來說，飛哥與小佛 2022 年 1 月 1 日於美國申請隱形飛機的專利，接下來也想在我國或其他國家申請保護，只要該申請國隸屬世界貿易組織（WTO）之會員國，或與我國為相互承認優先權的國家，得以主張國際優先權，在一定期間內提出（發明、新型為十二個月，設計為六個月），就可享有並適用第一次申請專利案的日期，2022 年 1 月 1 日為申請日。

（二）國內優先權

採行先申請制度，最令人詬病的，莫過於「太早」揭露專利技術，削減研發的意願；為彌補此遺憾，針對國內首次提出申請案者，得以該案為基礎，加入新技術事項後，再提出修正或合併之新申請標的；簡言之，為鼓勵國內技術改良而設置申請案相結合的一種機制。惟應注意的是：時效性。例如先申請案已初審審定，還可以主張國內優先權嗎？可以，尚未公告前，只要還在先申請案申請日起十二個月內，仍可主張國內優先權。

國內優先權主要的型態有：❶後申請案就基礎案之原發明或創作主張優先權→可多獲得一年保護期；❷增加實施例支持原申請專利範圍→鞏固且獲得較大的專利保護範圍；❸上位概念抽出型→鞏固其申請專利範圍與獲得較大的保護範圍；❹符合發明單一性條件之併案申請型→節省獲得專利後之維護費用。

🙂 小博士解說

先申請主義 vs. 先發明主義

專利權取得方式可區分為先申請主義（first-inventor-to-file）與先發明主義（first-to-invent），兩件以上相同發明，先申請主義者，依登記順序取得專利，其考量目的在於，交易穩定性、獎勵技術公開、判定專利於真正發明人等；採行先發明主義的國家，如早期的美國，則著重維護公平性，獎勵技術研發，賦予專利於首先完成者。

優先權

國際優先權

國內優先權

知識補充站 ★國內優先權型態

後申請案就基礎案之原發明或創作主張優先權	多獲得一年之保護期
增加實施例支持原申請專利範圍	鞏固申請專利範圍與獲得較大的保護範圍
上位概念抽出型	鞏固申請專利範圍與獲得較大的保護範圍
符合發明單一性條件之併案申請型	節省獲得專利後之維護費用

UNIT **2-4**
什麼是「強制授權」

修法前稱特許實施，修法後統稱強制授權（Compulsory Licence）；特許實施，源自於封建君主的特許專權，略有上對下強制干涉的意味，於是在 2011 年修法時，增訂專有名詞之修正，一來釐清條文規範應有的概念，二來使用精確用語，有助與國際社會接軌。

強制授權的定義，不妨礙他人就同一發明專利權，再取得實施權，因此，特許實施權人應給與專利權人適當的補償金，兩者有爭執時，由專利專責機關核定之。接續，針對強制授權性質與事由，說明如下：

（一）性質

專利排他權，是個人主義及資本主義下的產物，專利權是否授權他人實施，本應屬專利權人之自由，不應加以限制；倘若有妨礙全民生命、社會安定或國家安全等疑慮時，基於公益理由，如防止濫用專利權，法院或主管機關經被授權人申請或依職權，在符合法定條件下，可未經專利權人同意，准予專利權人以外的第三人，或企業，或機關，得以實施該項專利技術，但僅限供應國內市場需求為主。

目前世界各國幾乎皆存有強制授權制度，如日本、加拿大、法國、中國大陸等；惟獨美國，原則上仍反對強制授權，僅規範因聯邦經費所從事研發而取得專利權者，明文規定在某條件下，聯邦政府可逕行核准使用執照。一般而言，最會善用此制度的，莫過於是開發中國家，專利權人依據專利法享有獨占專利技術的權利，倘若無法經由協議授權方式取得實施權，通常會以公益為由，

基於促進產業技術而採取強制授權為手段，讓國內經濟具有顯著提升之功效。

（二）程序與事由

智慧局接到強制授權申請書後，即請專利審查委員提供技術意見，委員接獲強制授權之發舉案時，僅就該專利權人的申請專利範圍內，評估請求人在技術上是否有能力實施，或實施範圍是否在國內等，並提供意見；同時應將申請書副本送達專利權人，經審查關係人請求申請書中所述之理由、實施計畫等，限期專利權人提出答辯；屆期不答辯者，得逕行處理。可向智慧局申請強制授權的事由如下：❶因應國家緊急情況；❷增進公益之非營利使用；❸在重要技術改良下，申請人曾以合理商業條件在相當期間內仍不能協議授權；❹專利權人有限制競爭或不公平競爭之情事，經判決或處分確定。

（三）廢止時機

當原因已消失或被授權人未依約定實施，或未支付補償金等因素，智慧局得依申請，廢止其強制授權。以我國為例，2005 年行政院衛生署為因應全球日益嚴峻之禽流感疫情，向智慧局提出專利強制授權實施申請，擬自行生產在我國已獲准專利之藥物「克流感」，以避免禽流感疫情肆虐，危害國民生計；智慧局於受理申請次日，即將申請書副本送達專利權人（羅氏大藥廠）代理人，並限期提出答辯。倘若，國內廠商（神隆公司）取得實施權，務必注意事項有二，以供應我國國內市場需求為主，且應給予專利權人適當之補償金。

強制授權（Compulsory Licence）

定義	不妨礙他人就同一發明專利權，再取得實施該技術之權利
事由	❶國家安全（緊急命令或主管通知）
	❷公益非營利（主管通知或主動申請）
	❸再發明所需（主動申請）
	❹製藥能力不足（主動申請）
	❺限制公平競爭（主動申請）
程序	❶向智慧財產局提出申請
	❷指定專利委員進行審查
	❸確認請求人是否有實施能力
	❹評估國內市場範圍
	❺將申請書副本送達專利權人並限期答辯
補償制度	實施權人應給與專利權人適當之補償金，有爭執時由專利專責機關核定
實施限制	僅限供應國內市場為主
廢止時機	❶特許原因消失
	❷被授權人未依約定實施
	❸未支付補償金

知識補充站 ★名詞修正

我國專利法2011年修正前，慣用語稱之為特許實施，修法後統稱為強制授權（Compulsory Licence）；特許實施源自於封建君主之特許專權，有干涉主義意味，強制授權概念較能落實制度欲創設的價值。再舉一例，「實施」與「使用」之用語，實施包括「製造、為販賣之要約、販賣、使用或為上述目的而進口」等行為，應屬使用之上位概念；簡言之，實施包含使用，其涵蓋範圍更大。此次修法增訂專有名詞修正，其來有自，一來因用詞不一易造成解釋上之困擾，二來為求與國際接軌，我國專利用語應更為精確，才有助於釐清專利法條文規範之概念。

UNIT 2-5
進口權

圖解專利法

專利法保護範圍內,他人未得專利權人之同意,不得行使專利權人之專屬利用權,包括製造、販賣、使用與進口等權利;然而,法律在保障專利權人的同時,社會大眾對於該發明的利用與使用上,便相對受到權利上的剝奪與限制,有時甚至形成物品流動間的障礙。為此,各國專利法於立法機制上即已多加著墨,對於專利權的效力與範圍該做何限制,以兼顧公共利益之維護,譬如進口權的相關規定,即屬一例。

(一)何謂進口權?

進口權是指:基於製造、販賣或使用為目的,將專利品或以專利方法所製成之專利物品,輸入我國境內的行為。由此推知,若非以製造、販賣或使用為目的,則該進口行為並非在禁止之列。實務上,業界大部分的進口行為,均會具備上述之目的,除非是少數為了研究、教學或試驗等。

(二)耗盡原則(Doctrine of Exhaustion)

專利權人專有製造或販賣該專利物品之權利;換句話說,在專屬權概念下,第三人買受該專利物品後,倘若欲再自行販賣或轉售時,因非屬專利權人,故有侵害他人專利之嫌。此種,基於保護專利權,卻對貨流通原則形成不合理的現象,嚴重影響社會經濟秩序,非專利制度的原意;是故,為維護交易安全與公平性,進而產生了耗盡原則理論。舉例來說,專利權人或授權他人所製造的專利物品,經其同意後投放至市場中,專利物品上之專利權保護即宣告耗盡,買受該物品之人,得自由使用、販賣該專利物品;因販售物品必為有體物,方法專利為技術方法或製造

方法,也因此並無耗盡的問題。需特別留意的是,對於未授權的第三人,若使用專利方法來製造專利物品,仍構成侵權之行為。

(三)平行輸入(Parallel Import)

當專利物品經由權利人販賣後,即耗盡專利物品上的專利權,也就是說,不得再以專利權所賦予之排他權利,禁止買受人使用或處分該物品;因此,買受人得自由使用並販賣該專利物品,包括將該專利物品進口至賦予專利權人所屬國家中,專利權人亦不得主張進口權之保護,此行為稱之為平行輸入。

小博士解說

我國規定

我國規定專利權人製造、販賣專利物品的區域,不以國內為限,故專利權人在國外製造或販賣之行為,亦會耗盡我國專利權人之專利權;由此推知,我國採用國際耗盡原則理論。至於平行輸入之相關規定,主要可分:

❶國內區域:如我國專利權人限制被授權人僅得在高雄販賣專利物品,若該專利物品經由第三人買受後,出口國外再進口至我國境內,且在高雄以外之區域販賣時,專利權人得以區域約定,禁止該專利物品之進口。

❷國外區域:我國專利權人與外國被授權人在契約中,限制被授權人所得販賣的區域在外國時,依我國法之規定,我國專利權不會因為外國販賣行為而耗盡,故第三人在外國買受該專利物品後,再進口我國販賣,我國專利權人則可依契約上之限制來禁止平行輸入。

進口權

有決定權

專利權人

耗盡原則

耗盡原則
Doctrine of
Exhaustion

又可稱第一次銷售理論（the first-sale doctrine）

將合法專利商品賣出後，專利物上的專利保護即宣告耗盡，買受該物品之人，得自由使用、販賣該專利物品

方法專利無耗盡問題。但，對於未授權的第三人，使用專利方法來製造專利物品，仍構成侵權之行為

平行輸入

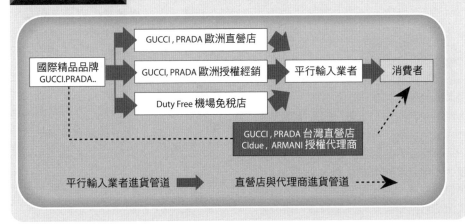

UNIT **2-6**
充分揭露要件

公開制度乃為專利一大特徵，藉由充分揭露方式，讓產業界可以及早取得最新資訊，避免企業重複研究、投資，對科技提升或產業經濟均有重大助益，完全呼應我國制定專利法之主要目的。為確定發明人發明內容已充分揭露給公眾，換取國家賦予專利權之對價的首重文件，即為專利說明書（Specification）；該說明書是申請專利過程中，最重要的法律或技術文件，主要在確認專利權人，有履行其交付移轉之發明技術給社會大眾；除此之外，尚有防止申請人將他人的發明據為己有，或實際上並未發明成功的技術，想先占地劃線等。說明書內容應揭露至何種程度，才算充分揭露？才可達到國家能給予其專利權之標準？簡述如下：

（一）按文索驥

書面說明應記載事項，除「申請專利範圍」外，並應載明「發明說明」、「摘要及圖式」等。以發明專利說明書為例，應敘明之事項包括：發明名稱、所屬之技術領域、先前技術、發明內容、實施方式及圖式簡單說明……；單就發明內容項目而言，詳細記載欲解決之問題、解決問題之技術手段，及以該技術手段解決問題而產生之功效，且問題、技術手段及功效間應有相對應之關係，使該發明所屬技術領域中，具有通常知識者能瞭解申請專利的發明。

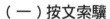

說清楚講明白，才符合充分揭露之要件；換句話說，若該發明所屬技術領域中，具有通常知識者，在詳加參酌發明說明、申請專利範圍及圖式等文件後，仍無法瞭解如何執行該技術手段，或需大量的嘗試錯誤及複雜實驗後，始能發現實施該發明，這般水準的說明記載，不得被認定符合充分揭露而可據以實施之要件；簡言之，專業領域中的一般從業人員，無法依申請人所描述之文字，按文索驥，實際做出發明物者，就會被認定缺乏其「可實施性」要件，專利申請駁回。

（二）描述特徵

為提升說明書之品質，以利專利制度運作能更加細膩完整，針對充分揭露要件，審查基準有三項記載原則：

❶明確

有鑑於專利說明書涉及之專業技術領域甚廣，文件中相同事物常有不同技術用語描述，而相同技術用語，亦常出現在不同的技術領域；再者，大量專業技術用語及新詞不斷衍生，導致使用者不易查詢到相對應之英譯用語或最新資訊，較不利於專利前案檢索或產官學研之研發及利用；建議使用智慧局所彙建之「本國專利技術名詞中英對照詞庫」。

❷充分

申請書內容，依「瞭解」申請專利、「判斷」申請專利及「實施」申請專利三階段，每一階段的內容均應清楚易懂，可界定真正含義，不得模糊不清或模稜兩可，完整闡述其記載。

❸據以實施

所屬技術領域中，挑選具有常識或經驗者，照本宣科即可操作或運用該項專利之技術。

充分揭露

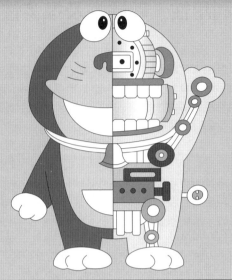

定義		申請專利之技術內容明確且充分揭露於說明書，使其所屬技術領域中具有通常知識者，能瞭解其內容，並可據以實現
按文索驥	名稱	說明書所載名稱，應與申請書一致；不一致時，通知限期補正
	範圍	至少 1 項請求項，2 項以上時，應依序以阿拉伯數字編號排列
	圖式	應參照工程製圖方法，繪製清晰
	摘要	簡要敘明所揭露內容之概要，以問題、技術手段及主要用途為限
	指定代表圖	增進專利資料檢索效率
描述特徵	明確	建議使用智慧財產局所彙建「本國專利技術名詞中英對照詞庫」
	充分	內容清楚、易懂，可界定真正含義
	據以實施	照本宣科即可操作或運用

申請文件

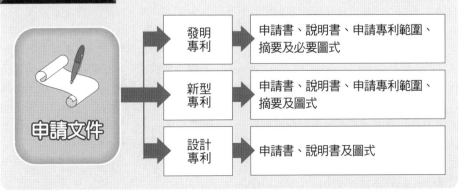

	發明專利	申請書、說明書、申請專利範圍、摘要及必要圖式
申請文件	新型專利	申請書、說明書、申請專利範圍、摘要及圖式
	設計專利	申請書、說明書及圖式

UNIT **2-7**
產業利用性、新穎性及進步性

圖解專利法

專利制度是一種國家與發明人交換的機制，故專利權必須符合相當之要件，才具備彼此間交換的公平性；專利三要件之探討，主要是為了界定發明物，是否擁有，或擁有何種專利標的之範疇。

（一）產業利用性

發明創新並非空想，應具體在產業上能夠被製造或使用，有利產業發展之實效，國家方賦予專利保護，假使該項發明或創作，在產業上毫無利用價值，縱然具有崇高的學術評價，亦無法通過產業利用性之審查。回顧我國專利制度發展初期，為求提升產業技術，只要是國內所沒有的，不論是自己發明或引進國外已知技術，就給予專利權；由此觀之，產業利用性是最原始的專利要件，亦在我國專利審查中，產業利用性之適用優先於新穎性。倘若細分產業利用性與充分揭露中可實施性之差別，前者著重對產業技術之提升，後者界定事實上是否可行，非淪為空談。

一般認為專利法所指之產業，包含任何領域中利用自然法則，具有技術性的活動，如工業、農業、林業、漁業、牧業、礦業、水產業，甚至運輸業、通訊業、商業等；舉例來說，想以整形、美容等手術方法申請專利，因實施對象為有生命的人或動物，無法供產業上之利用，則不具備產業利用性之要件。

（二）新穎性

創設專利權之目的，既然是為了促進產業發展，發明人就必須對現存技術有所助益才行。欲申請專利，需考量是否從未見於刊物上、被公開實施者，或被公眾所知悉的情形，與申請日前之現存既有技術有所不同，始得申請專利權；換句話來說，如果社會大眾從其他的來源，早就已得知發明人申請專利的內容，則無需賦予專利權，增加社會成本的必要。

除非，專利申請人主張優惠期制度，或許還有取得專利權之機會。何謂優惠期制度？答：申請人自願或非自願行為下，欲申請之專利已被公開，此時，一年內都還擁有可申請專利權之權利。簡單來說，只要不是公開在專利公報上，已「公開」的情況，並不會受到新穎性規範所約束。

（三）進步性

認定先前的技術為基礎，新穎性是判斷技術是否已被公開，進步性則是判斷兩者技術間之差異。那麼，何謂進步性呢？進步性本質在於，探討相較先前技術下，欲申請專利之技術屬「非輕易可想到」或「具備足夠的創作巧思」而來，並非字面上所示，較先前技術更好或更進步。

具體來說，倘若我們研發的新技術，僅是運用已習知的元件加以排列組合，或在現有技術下增減、改換其裝置構造，進而產生新的發明物，就整體技術功效屬顯而易知，則該技術不具進步性之要件。以筷子為例，筷子加長、變短，或改用不鏽鋼等材料，均屬筷子業者所能想到的技術，無法取得專利；倘若筷子結合伸縮、旋轉功能，雖然筷子與彈簧都是屬於已知的元件及概念，但先前確實沒人想到，可將這兩物件相結合，因此可申請伸縮筷子之專利。

產業利用性

工廠　製作　販售

投入　　生產過程　　產出

新穎性

進步性

眾所皆知　✗

期刊

期刊　✗　　實驗　✗

前人的基礎

	產業利用性	新穎性	進步性
定義	產業上能夠被製造或使用，有利產業發展之實效	判斷技術是否已被公開：已遭公開者，不符專利要件	判斷先前技術與申請技術間之差異
要件	❶產業上必須能被製造或使用 ❷非空想，可實施性 ❸產業利用性優先於新穎性	❶申請前未見於刊物者 ❷申請前未公開實施者 ❸申請前未為公眾所知悉者	❶非輕易可想到或具備足夠的創作巧思 ❷所屬技術領域中具有通常知識者，依先前技術「不能」輕易完成者
備註	❶限制 　非產業，如實施對象為有生命之人或動物 ❷差異 　產業利用性著重對產業技術之提升：充分揭露中可實施性：界定事實上是否可行	優惠期間 ❶發明專利及新型專利 12 個月 ❷設計專利 6 個月 公開態樣 ❶出於申請人本意所致之公開 ❷非出於申請人本意所致之公開 除外條款 因申請專利而在我國或外國依法於公報上所為之公開係出於申請人本意者	

第**3**章

發明專利的要件及申請

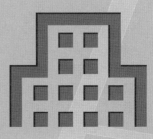

章節體系架構

UNIT **3-1**
發明專利的要件及申請

圖解專利法

發明專利（invention），依我國專利法規定：「發明，指利用自然法則之技術思想之創作。」單就字面上解讀，發明是：

❶人類技術上思想活動的產物。

❷其技術是指利用自然法則所產生的方法；換句話說，發明是人類心智所為，具有技術性之創作，實際運用自然界的規律，發現解決問題的新手段，將該技術特徵申請為專利，即符合發明之定義。

（一）保護客體

依物件可區分為物品專利權與方法專利權二種。物品的發明，針對有具體、確切存在之物而言，也就是可看得到、摸得到的東西；方法的發明，則是指物品製造過程的創新，也就是在原製程以外的其他方式。易言之，物品上發明，包括特定形狀、構造、裝置，或無特定形狀、構造、裝置之物品；方法上發明，是指一系列的動作過程、操作、步驟或手段，有應用、使用或用途三種申請標的。舉例來說，發明新藥，是物品專利；發明新的製藥方法，是方法專利；發明檢測施工的新程序，也是方法專利。

（二）實際要件

完善的專利制度，足以激勵產業間競爭資源的整合與開發，放眼各國皆然；我國亦以促進產業發展為立法之宗旨，故首要條件即以「產業利用性」為基準。凡欲申請發明專利之保護，其申請標的不符合實用，或尚未達到產業實施階段者，不需再議；其次，滿足先前要件後，需再考量其發明是否對現有技術具有貢獻性，簡言之，即接續討論是否滿足「新穎」及「進步」的要求。

舉例來說，飛哥與小佛欲申請隱形飛機的專利，該申請技術內容，必須滿足申請前：❶從未見於國內外刊物；❷未公開於國內外展覽會；❸也不是社會普羅大眾均已得知的事，也就是說隱形飛機必須是前所未有之物，才符合本款對新知事務（NEW）的要求；除此之外，還需談及技術門檻，所謂術業有專攻，只要有從事飛機製造業且可依先前技術輕易完成，那麼隱形飛機仍不得取得發明專利。

（三）優惠期

發明的技術內容在提出專利申請前，是不可以公開的，惟有一種情況例外，不會受到新穎性或進步性的規範所約束，此情況即稱之為優惠期。

何謂優惠期？答：專利法明文規定，申請人本意所致之公開，或非出於申請人本意所致之公開，其事實發生後十二個月內，得依法申請專利權。也就是說，申請人因某些因素而自主性的公開技術內容，如實驗發表、陳列展覽等，又或者是在意外的情況下洩漏了技術內容，如遭人剽竊、錯誤疏失等，均可在一年期限內申請專利權。

除非，公開的方式是在我國或外國的專利公報上，依法則無法申請專利權。此一限制並不難理解，公報公開之目的，在於避免他人重複投入研發，而優惠期制度的美意，則是避免先行公開事實成為不利發明新穎性或進步性的前案，兩者在規範行為及制度目的上均不相同，故專利法明文規定不適用之。

何謂發明專利

思想 ＋ 技術 ＋ 新發現 ＝ 發明

發明專利權

保護客體	物品專利權	❶具體發明 ❷確切存在的東西 ❸包括特定形狀、構造、裝置或無特定形狀、構造、裝置之物品
	方法專利權	❶一系列的動作過程、操作、步驟或手段 ❷有應用、使用或用途三種申請標的 ❸製程方法（有形產品）和技術方法（無形產品） ❹無產品生產之技術方法，如施工方法、檢測方法等
實際要件		❶以「產業利用性」為基準 ❷考量是否具備新穎性及進步性 ❸技術門檻：該領域具有通常知識者，無法依先前技術輕易完成

優惠期

○ 申請人本意公開

○ 非申請人本意公開

✕ 專利公報公開

十二個月內 → 向智慧局申請

UNIT 3-2
有相同之發明或新型申請在先者

圖解專利法

我國採行先申請主義,當有相同的發明或新型專利案時,理應就最先申請者,准予專利。但,專利申請書遞交出去後,往往還需要經過一定的期間,才能公開專利技術的內容,倘若先申請案還在保密階段,後申請案因為還不知情,就將相同範圍的專利也遞交申請,此時,就很有可能會發生重複授予專利權的情形;換句話說,同一發明或新型專利,分別授予前後不同之二人,為避免此一情況發生,專利法設計特有的審查機制,其使用方法通稱為擬制新穎性。

(一)何謂擬制新穎性?

簡單來說,擬制新穎性就是由擬制與新穎性二個專有名詞相結合。擬制,是指將某事實看作另一事實;也就是說,雖然不是完全這樣,但也要當作是這樣。新穎性,一旦資料被公開後,就喪失新鮮感,失去保護的價值。由此推知,申請專利之發明,與申請在先而在其申請後始公開或公告之發明或新型專利申請案所附說明書、申請專利範圍或圖式載明之內容相同者,不得取得發明專利。

舉例來說,先申請案(暫稱A案),已進入審查程序正等待被公開期間,此時,後申請案(暫稱B案),因未知已有相同之專利技術,同時進行專利申請;此刻,專利程序審查機制,自動將A案以法律擬制為先前技術,將A案擬制為B案之新穎性審查範圍,不只相較二案間申請專利範圍有無差異,同時也將說明書及圖式內容,一一進行比對,若兩者所載之內容相同,B案則著眼於新穎性的觀點,不准予專利之保護。

(二)判斷原則(暫借A、B案說明之)

❶ A案與B案的申請人,必須不同人。

❷ A案申請日早於B案,但A案公開或公告日晚於B案。

❸ 申請專利範圍的說明書及圖式內容,用B案去比對A案。

❹ 擬制喪失新穎性之A案,僅限於我國公開或公告的專利申請案。

(三)注意事項

❶ 先申請案與後申請案為同一人者,因無重複授予專利權之疑慮,故不在此限;❷ 擬制為先前技術之先申請案,必須是發明或新型申請案,不得為設計申請案;❸ 先申請案經公開或公告後,即擬制為先前技術的一部分,無論此案後來是否撤回、放棄、撤銷或審定不予專利,均得作為審查之引證文件,除非在公開日前已撤回;❹ 若說明書部分內容,經修正或更正而被刪除,該被刪除的部分仍得作為引證的文件;但說明書全文所載之發明不明確或不充分者,不得採用。

小博士解說

申請專利之發明,與申請在先而在其申請後始公開或公告之發明或新型專利申請案所附說明書、申請專利範圍或圖式載明之內容相同者,不得取得發明專利。但其申請人與申請在先之發明或新型專利申請案之申請人相同者,不在此限。

參考日本特許法、歐洲專利公約、實質專利法條約、專利合作條約、大陸地區專利法等規定,申請專利範圍,應獨立於說明書之外,才符合國際趨勢。

相同發明申請

擬制喪失新穎性

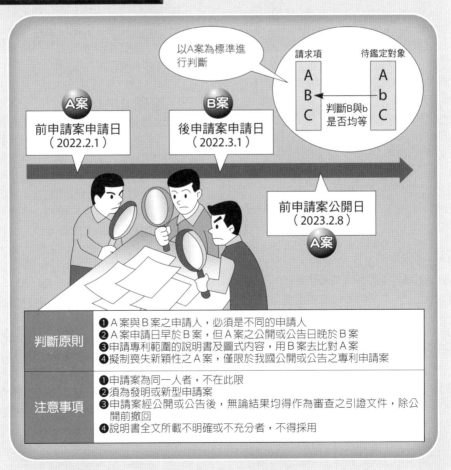

判斷原則	❶A案與B案之申請人，必須是不同的申請人 ❷A案申請日早於B案，但A案之公開或公告日晚於B案 ❸申請專利範圍的說明書及圖式內容，用B案去比對A案 ❹擬制喪失新穎性之A案，僅限於我國公開或公告之專利申請案
注意事項	❶申請案為同一人者，不在此限 ❷須為發明或新型申請案 ❸申請案經公開或公告後，無論結果均得作為審查之引證文件，除公開前撤回 ❹說明書全文所載不明確或不充分者，不得採用

UNIT **3-3**
不予發明專利的情形有哪些

圖解專利法

申請專利時，即使符合發明之定義，若屬法律特別規定「不」給的情形，仍不得准予專利；換句話說，就算已符合「發明，指利用自然法則之技術思想之創作」，但專利若有損害國家、社會之利益，或違反倫理道德之發明，亦不受專利權之保護。不予發明專利的情形有哪些？❶動、植物及生產動、植物之主要生物學方法。但微生物學的生產方法，不在此限；❷人類或動物之診斷、治療或外科手術方法；❸妨害公共秩序或善良風俗者。

（一）倫理道德

以動物或植物為申請標的者，涵蓋轉殖基因之動植物，明文規定不予專利之保護；此話怎講，自然物種的傳宗接代，本屬生物學方法的範疇，並無提升產業技術水準的良效。那麼，有關動植物新品種呢？是否可依法申請專利？答：動物的新品種，因研發過程中，技術往往涉及到生命的價值觀與道德感等，暫不考慮；至於植物的新品種，因有「植物品種及種苗法」，已受他法保護，無須重複。

其二，是否屬「主要生物學方法」，判斷標準在於該方法中的人為技術。舉例來說，馬匹間的選擇性育種，在整個過程中，人類的行為僅僅扮演選擇的角色，只是將具有特定、特徵的馬匹集中在一起，不論是自然孕育或經人為操控，該方法應歸屬於生物學方法，不給予專利保護。話雖如此，倘若生產動植物的方法為非生物學方法，譬如利用微生物學等，得予申請專利；延續上例，馬匹是以基因改造工程的方式，有技術性地改善其體質，促進其生長，此微生物學生產方法，才能達到申請發明專利

的標準。

（二）公共利益

為使全人類及動物得以普遍享受到最新穎的治療方式，專利法亦明文規定，人體或動物疾病之診斷、治療或外科手術方法，屬於法定不予發明專利的項目。換言之，直接與有生命的人體，或動物為實施對象，從事診斷、治療或外科手術處理疾病的方法，不宜准予專利；但就治療或手術方法中，所使用的器具、儀器、裝置、設備或藥物等，譬如與疾病診斷無關的量身高、體重、檢測膚質，或間接獲得資訊供診斷疾病的X光照射、血壓量測等方法，仍可歸屬於申請發明專利許可的項目。

（三）違反公序良俗

基於維護倫理道德，為排除社會混亂、失序、犯罪及其他違法行為，將妨害公共秩序、善良風俗之發明，列入法定不予專利的項目。舉例來說，郵件炸彈及其製造方法、吸食毒品用具及方法、服用農藥自殺方法、複製人及其複製方法（包括胚胎分裂技術）等。

其次，若於說明書、申請專利範圍或圖式中所記載之發明的商業利用（commercial exploitation）會妨害公共秩序或善良風俗，也應認定為該發明屬於法定不予專利之標的。

除外判定。因發明之商業利用，可能是被濫用而有妨害公序良俗之虞，如各種牌具、開鎖或保險箱之方法，或以醫療為目的而使用各種鎮定劑、興奮劑之方法等，又該如何處理？因發明物或其本身的方法，並無對錯，全憑使用者誤認與錯用，故仍屬法定予以專利之項目。

法定不予專利事項

有損國家社會利益，或違反倫理道德之發明，不受專利保護

法定不予
專利事項

動植物及其生物學方法。微生物學不在此限。

人類或動物之診斷、治療或外科手術方法。

妨害公共秩序或善良風俗者。

不予發明專利的情形

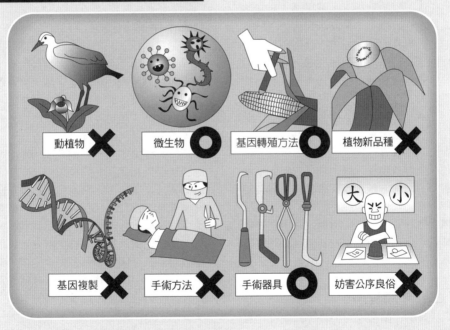

動植物 ✕　　微生物 ○　　基因轉殖方法 ○　　植物新品種 ✕

基因複製 ✕　　手術方法 ✕　　手術器具 ○　　妨害公序良俗 ✕

知識補充站 ★各國生技產業現況

❶採取全面開放者：美國、日本、澳洲及韓國等。

❷部分開放者：原則上給予動、植物專利保護，若發明之標的為特定動、植物品種，則不予專利者，如歐盟多數國家、智利及愛沙尼亞等。

❸未開放者：印度、沙烏地阿拉伯、烏拉圭、印尼、泰國、巴西、哥倫比亞、秘魯、巴拿馬及大陸地區等。

UNIT **3-4**
發明專利之申請

圖解專利法

　　欲想申請發明專利，由專利申請權人備具申請書、說明書、申請專利範圍、摘要及必要之圖式，向專利專責機關申請即可。看似簡單的文字，其內涵應注意之事項還真不少：

（一）何人可申請？

　　申請專利乃由專利申請權人提出申請，包括自然人與法人，除另有規定或契約另行約定外，原則上是指發明人、創作人（原始取得），或受讓人、繼承人（繼受取得）；對此項目需特別留意的是，專利申請案如由不具申請權之人提出，將可構成撤銷專利權之事由，因此，申請專利前，應再三考量其擁有資格之人，以免到頭來一場空。

　　再者，除申請人於中華民國境內，無住所或營業所者，才採行強制代理制；否則，依據專利代理任意制，申請人得自行辦理或委任代理人辦理。對此項目需特別留意的是，專利事務涉及專業知識，申請人若因不熟悉相關文件，或法律程序等問題，十分麻煩，建議委由專業人士代為處理；欲委任代辦專利申請案，原則上應以專利師為限。

（二）申請程序

　　除具備申請權人資格外，尚須符合專利申請程序。基於先程序後實體之原則，智慧局會先進行書面資料審查階段：

❶依專利法一發明一申請原則，申請專利權時，應就每一發明，各別申請，但利用或使用上不能分離者，亦得合併申請之。

❷需備齊相關證明文件，如申請書、說明書、必要圖式及宣誓書等；若為雇用人、受讓人或繼受人，則應另行檢附僱備、受讓或繼承的證明文件。

❸書面要求以中文本為主，但以外文本提出申請者，可先行受理。就我國專利法而言，向來允許專利申請人於申請專利時，先行提出外文說明書，並於智慧局指定期限內，補呈中文說明書即可；其目的無非是為提供專利申請人之合理機制，在「外文本以完整揭示同一發明」前提下，得根據外文本之提交日，認定其取得之申請日。

（三）申請日認定

　　申請日的認定關係到專利保護期間的計算，實為重要。當申請人備齊所有文件，向智慧局提出專利之申請，實際收到申請文件時，發生一定法律效果的日期，稱之為申請日；如果必要之文件有所欠缺，則以文件補齊日為申請日。

　　文件為外文本者，日期該如何認定？應於智慧局指定期間內補正中文本者，將判定外文本提出之日為申請日；若已遲滯指定期間外，主管機關隨即針對此案件，以「外文說明書未記載發明名稱」為由，做延後申請日之處分，可能會因申請日延後，導致喪失優先權之嚴重後果。有一附加條款，在處分前補正者，以補正之日為申請日，外文本視為未提出。

　　舉例來說，飛哥與小佛於 2022 年 1 月 1 日提出英文版之申請書，智慧局限定六個月內補正中文本，3 月 1 日前補上中文本的話，其申請日認定為 1 月 1 日；假設在 7 月 15 日才補齊中文資料，趁著智慧局因作業流程尚未做出駁回申請時，改採 7 月 15 日為申請日；再假設說，一直都沒補上中文本，或智慧局已做出處分決定，此時，這申請案不予受理就宣告結束了。

發明專利之申請

申請人 具專利申請權且具名提出申請之人

└─ 繼受取得：受讓人、繼承人

└─ 原始取得：發明人、創作人

申請程序 先程序後實體為原則

└─ ❶一申請一發明

└─ ❷備齊相關證明文件

└─ ❸雇用人、受讓人或繼受人，另需檢附證明文件

申請日認定 向智慧局提出之日；欠缺必要文件時，改以文件補齊日

書面文件 申請書、說明書、申請專利範圍、圖式、摘要、指定代表圖、委任證明文件、主張優惠期證明文件、國際優先權證明文件、生物材料寄存證明文件、舉發理由及證據、專利權異動之證明文件等

申請

受理

■ 符合程序者，應予受理

■ 書面要求以中文本為主，但以外文本提出申請者，可先行受理

■ 臨櫃送件、郵寄送件或電子送件等方式送件，皆先行收件，進行編列申請案號、文件掃描、文書資料建檔等作業，再進行審查

撤回

■ 原則上，在專利申請案審定或處分前，隨時可撤回其申請案

UNIT 3-5
發明專利之說明書

專利申請人向智慧局申請發明專利，須備具申請書、說明書、申請專利範圍、摘要及必要之圖式；申請過程中，明定書面審查為先，實體檢驗在後。由此推知，專利申請成功與否，往往第一個取決的關鍵，掌握在說明書撰寫之良窳間；換言之，說明書的品質即說明了一切。

說明書是一份申請專利時所必備之文件；它象徵在整個申請程序中，發生實質法律效果的重要文件；它更是一份包含豐富的技術細節、研究數據和圖式說明等之技術參考文獻。也就是說，專利說明書是說明內容及權利範圍之所在，揭露事項有無充分及明確，對於申請後之專利審查結果，甚至於未來的專利使用、權利維護等，具有絕對性的影響。

一份好的發明專利說明書，應具備的條件有：

（一）陳述簡潔明瞭

說明書應載明下列事項：❶發明名稱；❷發明摘要；❸發明說明；❹申請專利範圍；上述四部分之撰述，內容需充分揭露、用語應一致。

說明書的內容，主要透過文字及圖說方式，將技術細節完整揭露說明，必須重視到每一個小細節，直到相同領域的專家或研發人員們，只要參閱或瀏覽書中完整且詳實的敘述，即可掌握該項技術之關鍵，激發新的創意，開創突破性的研發成果；這也是我們專利制度下主要所求之目的。

（二）範圍清楚明確

在專利範圍中，技術層面的提升，有可能是單一性創新，或者是複合式結構的發現，不論是何種層次的技術，

智慧局都准予個別拆開，個別申請，視每一要件為單一請求項。換句話說，申請專利時應界定各請求項之範圍，務求每一請求項之報告，都可以清楚解讀其創作，便於審查人員進行先前技術檢索時，逐一比對的工作。

（三）尊重專業素質

發明人通常僅具備申請專利的基本常識，往往為節省經費，說明書採取自行撰寫方式，雖然也可以順利申請到專利權的保護，但往往在日後出現侵權等相關問題時，卻無所適從，甚至有時必須花費更大的金錢與時間，才能解決糾紛。

舉例來說，發現有人仿冒，向法院提出訴訟後，卻因專利說明書之撰寫，不符合專利法之要件，遭有心人士舉發，藉機規避官司；甚至於，申請專利保護範圍太過狹窄，導致競爭對手很容易就迴避掉關鍵要素，或惡意鑽漏洞，根本找不到被侵權的事蹟。故，說明書品質好壞，往往與專利權人的權益緊密相連。

小博士解說

摘要之說明

摘要之目的在於提供公眾快速且適當專利技術概要；為確保摘要之資訊檢索功能，因此，摘要文中所描述之內容，主要是以資訊性或指示性的成分居多；所以，不列入影響專利要件之判定。換言之，申請書中的名稱、說明及申請專利範圍三部分，內容未充分揭露時，會被專利專責機關以「不符合」專利之要件駁回。

一份好的說明書

一份好的說明書

→ 意義 →
1. 申請專利時，發生法律效果的重要文件
2. 包含技術細節、研究數據和圖式說明等技術參考文獻
3. 說明內容及權利範圍之所在
4. 影響專利使用及權利維護

→ 條件 →
1. 陳述簡潔明瞭：掌握該項關鍵技術
2. 範圍清楚明確：界定各請求項範圍
3. 尊重專業素質

發明專利說明書

❶發明名稱
申請標的（如物或方法）且不得包含非技術用語

❺圖式簡單說明
有圖者以簡明文字依序說明；無圖者，填「無」

❷技術領域
應記載申請專利之發明所屬或直接應用的具體技術領域

❻實施方式
該技術領域中具有通常知識者，可據以實施

❸先前技術
客觀指出欲解決先前技術之問題與缺失，得檢送相關資料

❼符號說明
有圖者依圖號或符號列出主要符號並加以說明；無圖者，填「無」

❹發明內容
欲解決之問題、解決問題之技術手段及對照先前技術之功效

❽生物材料寄存事項及序列表
有生物材料寄存者，說明書應載明

UNIT **3-6**
申請生物材料或利用生物材料之發明專利

圖解專利法

將技術內容公開於說明書中,使發明所屬技術領域之人,能據以瞭解並實施,有益促進產業升級,實為專利制定之目的。然而,隨時代潮流進步,生物科技發展日新月異,其相關專業技術亦需專利權之保護,如蛋白質工程技術、細胞及酵素固定化、醱酵技術等。有感於此,專利法規於 1994 年修正時,開放微生物新品種之專利,微生物一詞亦已於 2003 年修正法中,正式修改為生物材料。

生物材料所涵蓋之範圍,爭議不斷,目前有許多國家所承認的,包括生物體本身(如真菌)、生物體某部分(如細胞株)、重組所獲之實體(如 DNA 分子)、實體本身(如抗生素)……等,廣義而言,皆可稱為菌種。申請生物材料或利用生物材料之發明專利,應注意事項如下:

(一)寄存規定

因生物材料通常不易依書面內容呈現,他人若無法取得生物材料,很難依據說明書實施其發明,故生物材料本身為申請專利時,是不可或缺的部分,且非該技術領域中輕易可取得者,按規定需先辦理寄存的相關程序。

(二)寄存機構

凡申請生物材料專利,或利用生物材料來研發的專利,申請人應於申請前,將生物材料寄存於指定機構,並於申請日後四個月內,檢送寄存證明文件至智慧局,文件中需載明機構名稱、日期及號碼,逾期未送達者,視為未寄存。例如財團法人食品工業發展研究所,就是經濟部所指定的國內寄存機構。

(三)注意事項

我國不是布達佩斯條約會員,不承認國際寄存機構的寄存效力,要求須寄存於「國內」;但,卻也提供外國申請人,有更寬裕的時間來辦理國內寄存,甚至開放申請人在與我國有相互承認寄存效力之外國指定其國內之寄存機構,不受應在國內寄存之限制;換言之,國內的寄存機構國際化以後,未來外國申請人是有可能直接以外國寄存機構之寄存證明文件,來本國進行專利申請的。

舉例來說,阿笠博士於實驗中發現○○酵母菌有其特殊之功效,欲申請發明專利之保護,其步驟如下:❶將○○酵母菌(生物材料)申請寄存於食品工業發展研究所;❷準備專利申請書等文件向智慧局提出專利申請;❸食品所受理寄存後,應開具「寄存證明書」給阿笠博士,隨即進行存活試驗;❹收到證明書後,應於專利申請日起四個月內,將寄存證明書檢送智慧局即可;❺待存活報告出爐後,接著寄送到智慧局,即可進入下一審查階段。

🙂小博士解說

布達佩斯條約

為免除同一申請案,在各國申請專利時,都須寄存之麻煩事,國際間主要國家簽署了布達佩斯條約(Budapest Treaty on the International Recognition of the Deposit of Microorganisms for the Purposes of Patent Procedure)。該條約中的會員國,只需在其中一個認可的國際寄存機構(International Depositary Authority, IDA)完成寄存,即可獲得各會員國的承認。

生物科技 vs. 生物材料

生物科技	生物材料
利用生物體來生產或改製，改良生物特性以降低成本及創新物種的科學技術。如蛋白質工程技術、細胞及酵素固定化、醱酵技術等	廣義而言，稱為菌種 ❶生物體本身（如真菌） ❷生物體某部分（如細胞株） ❸重組所獲之實體（如 DNA 分子） ❹實體本身（如抗生素）

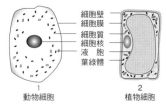

細胞壁
細胞膜
細胞質
細胞核
液　胞
葉綠體

1　動物細胞　　　2　植物細胞

生物材料寄存

寄存規定	❶生物材料本身為申請專利之不可或缺部分 ❷非該技術領域中易取得時，按規定需先辦理寄存相關程序 ❸該生物材料屬易於獲得者，不需寄存
寄存機構	❶國內：智慧局公告指定機構（如食品工業發展研究所） ❷國外：依布達佩斯條約取得國際寄存機構資格者
寄存期間	❶寄存於指定機構並於申請日後四個月內，檢送寄存證明文件 ❷主張優先權者，為最早之優先權日後十六個月內
寄存證明	❶寄存證明與存活證明合一之制度 ❷寄存機構將於完成存活試驗後，即開始核發寄存證明文件 ❸不另出具獨立之存活證明
資訊記載	❶生物材料寄存資訊，不以載明於「申請書」為必要 ❷生物材料已寄存者，應於「說明書」之生物材料寄存欄位中載明
寄存爭議	因寄存機構之技術問題，未能於法定期間內完成存活試驗，導致未能發給寄存證明文件者，屬不可歸責當事人之事由

★生物材料步驟

❶寄存食品所

❷向智慧局提出專利申請

❺待存活報告出爐，寄送至智慧局，即可進入下一審查階段

❸食品所開具「寄存證明書」，隨即進行存活試驗

❹申請者收到證明書後，於專利申請日起四個月內，將寄存證明書檢送智慧局

生物材料步驟

UNIT 3-7
相同發明之優先權

圖解專利法

相同發明的優先權,如何判定?依我國專利法規定,多數專利申請案競合時,就同一發明,賦予專利於最先申請者,即屬我國採行之先申請主義;然亦有例外,即後申請者主張優先權日早於申請日時,不在此限。倘若,優先權日與申請日相同時,應通知申請人自行協議決定。相關說明如下:

(一)相同發明之判斷

❶兩發明的申請案,其記載形式及實質內容完全一致者,視為相同發明;❷兩者間的差異僅在於文字記載形式,或部分相對應的技術特徵所有不同,仍應判斷為相同發明。換句話說,兩發明是否相同,不單單只憑「申請專利範圍」的認定,還需參酌說明書中所揭露之事項、先前技術及圖式說明等,一併納入考量。

(二)判定原則

❶先申請原則

專利制度在於鼓勵發明人盡早申請,以公開揭露的方式,讓社會大眾得知並利用該項技術,所以當有相同申請案時,應就最先申請者,准予專利;簡單來說,為避免相同的專利重複給予不同的申請人,決定以申請日期之前後順序來判定給誰。為避免被人捷足先登,鼓吹申請人一旦完成研發時,應盡速前往智慧局申請專利,此制度有以速度取勝之意味,鼓勵並保護搶先提出申請者之權益。

由上可知,申請日之確定實為重要。一般人普遍認為,申請人首次向智慧局提出申請的那一天日期,稱之為申請日,此為錯誤的觀念;我國專利法明文規定,申請人檢具申請書、說明書及必要圖式(圖說)向智慧局提出申請之日為申請日。二者間主要的差異在於「齊備」,不單單只是就文件要齊全,連同書面內容也要完備才行。

❷優先權日

優先權日不是申請日。在屬地主義的專利制度下,為擁有各國之專利保護,常常必須周遊列國式地申請;為保護發明人免於各國間申請制度上的差異,或因時間差導致喪失新穎性的風險,巴黎公約會員國間,彼此有相互認可優先權的制度,也就是說,各國均同意,將他國第一次申請案的申請日,列為優先權日。

當申請日碰上優先權日時,應如何取決?單就專利本質而言,公開其技術以換取國家的保護,理所當然應由最早申請者取得其專利權;換言之,後申請者所主張之優先權日,早於先申請者之申請日時,後申請者准予發明專利。

(三)協商機制

無巧不成書。假設,同一發明、同日申請、優先權日亦相同時,總不能分秒必爭,以申請登記的時間來推算吧!此時,智慧局應通知雙方申請人協議決定,並於指定期間內,將協議結果回報智慧局,屆時未回報或商議破局者,均不准予發明之專利;此種半強迫式的協商機制,其主要目的在於,強制雙方在某期限內儘可能達成共識,以免浪費社會資源。

假設其二,相同情境再加上申請人也為同一人時,又應如何處理?此困境更易解決。智慧局只需依規定通知申請人,要以哪一申請案為優先,限期做出抉擇,屆期未決定,等同於通通拒絕;舉例來說,發明、新型專利同時申請時,擇一留下。

相同發明判斷

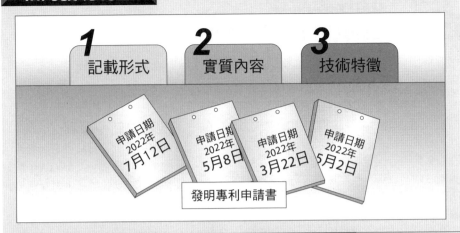

1 記載形式　**2** 實質內容　**3** 技術特徵

申請日期 2022年 7月12日
申請日期 2022年 5月8日
申請日期 2022年 3月22日
申請日期 2022年 5月2日

發明專利申請書

判定原則：先申請者（申請日或優先權日）

申請日期 2022年 5月2日
申請日期 2022年 9月8日
申請日期 2022年 6月12日

申請日期 2022年 3月25日

申請的時間最早

協商機制

智慧局
申請人
申請人

協議決定

知識補充站

主張國際優先權者，應聲明	主張國內優先權者，應聲明
❶第一次申請之申請日 ❷受理該申請之國家或 WTO 會員 ❸第一次申請之申請案號數 ❹申請時未聲明第一次申請之申請日，及受理該申請之國家或 WTO 會員者，視為未主張優先權	❶應於申請專利同時聲明先申請案之申請日及申請案號數 ❷未聲明者，視為未主張 ❸若主張複數優先權者，各先申請案均應載明

UNIT 3-8
發明與新型之擇一權

圖解專利法

專利種類各國規定並不相同，我國現行專利制度有發明專利、新型專利及設計專利三種類型；基於保護專利權人的權益，避免發明案件核准之前的空窗期，造成肆無忌憚的侵權現象，或擔憂發明案件可能因審查層次要求較高，導致無法順利取得專利之保護等等。將發明與新型專利同時送出申請，已為產業界實務上最常使用的手段。

新型專利採形式實查，僅需由智慧局，根據新型專利說明書判斷是否滿足其要件，因未涉及到實體檢驗查核的程序，從申請到核准僅需約六個月時間，相當快速；對比，發明專利採實質審查程序，審查委員必須依技術領域不同，將申請案一一進行前案檢索及比對，判斷是否具備新穎性及進步性，甚至智慧局認為有必要時，還需配合面詢、實驗、現場勘驗等，從申請到核准約十八到三十六個月不等。簡言之，單單只比審查程序速度，取得新型專利權保護，較為快速。

換句話說，將發明與新型專利同時申請，發明專利尚未核准審定前，申請人的創作，可先由已取得的新型專利權進行保護；而待發明專利核准審定後，申請人的創作則可選擇交由發明專利持續保護。如此一來，專利申請權就可不用再承擔任何風險，享受到發明專利權與新型專利權間雙重的保障。切記，此做法應於申請時分別聲明之。

專利權於不同存續期間內，接替保護該發明，以互補方式實為可行之道；然而，倘若同一物擁有重複之專利保護，疊床架屋下，實在是有違專利制度之美意。智慧局基於避免「重複專利」的狀況發生，當已取得新型專利權時，應通知申請人限期內做抉擇，逾期者，將視

同選擇新型專利權。二選一的情況，可能發生的狀況有：

（一）放棄之新型專利

申請人依專利法之明文規定，最後選擇了發明專利，那麼，已取得的新型專利權，該如何處理？答：自發明專利公告之日消滅。新型專利的申請制度，看似取得便捷且快速，但並非完全沒有缺點；相較於發明專利而言，新型專利的保護期限較短、救濟管道較貧乏，更重要的是，無法保護與方法相關的發明等。

幾層考量下，申請人依發明物的特性，確實有可能會做出放棄決定。

（二）不可回復性

發明專利審定前，新型專利權已當然消滅，或撤銷確定者，不予專利。此項規定，主要為何？其實理由很簡單，因為新型專利消滅或撤銷，其權利自然而然回歸於社會大眾，已被允許可公開且自由運用之技術，想當然爾，不可能再回到經申請而可保密的階段。

😊 小博士解說

發明專利 vs. 新型專利

相同點：新型專利及發明專利，兩者著重在功能、技術、製造及使用方便性等方面之改進。

相異點：❶發明專利可以表現在物品與方法上；而新型專利只限表現在物品上；❷發明專利要求創造性；而新型專利要求實用性；❸發明專利的保護期：20 年；新型專利的保護期：10 年；❹發明專利申請採實質審查；而新型專利申請採形式審查。

兩專利同時申請

	申請時間	保護範圍	救濟管道	申請難度
發明專利		較廣	較多	
新型專利	較快			較易

擇一權

定義	相同創作，同一人同一技術，同日分別申請兩種專利案
類型	發明與新型
選擇時點	❶因新型專利採形式審查，可先取得專利權 ❷審查發明時，如認該發明應准予專利權時，應通知申請人限期選擇其一 ❸屆期未選擇者，即不予發明專利，以避免重複授予專利權
專利效力	❶選擇新型專利權者，該發明專利申請案即不予專利 ❷選擇發明時，放棄的新型專利自發明專利公告之日消滅
發明專利審定前	❶新型專利權已當然消滅或撤銷確定者，不予發明專利 ❷因新型專利權所揭露之技術，已成為公眾得自由運用之技術，無法復歸他人所專有

發明專利vs.新型專利

		發明專利	新型專利
	相同	利用自然法則之技術思想之創作	利用自然法則之技術思想，對物品之形狀、構造或裝置之創作
相異	種類	物品與方法	物品上
	要求	創造性	實用性
	申請至核准	十八至三十六個月	約六個月
	審查方式	❶早期公開❷請求審查 ❸實質審查	形式審查
	保護期	二十年	十年

UNIT 3-9
一發明一申請原則及併案申請例外

　　申請之單一性，原則上意指一個發明申請案，應僅限於一個發明創作，兩個以上的發明，應以兩個以上的申請案為之，不能併為一案申請；換句話說，一碼歸一碼，不同的發明案不能混為一談。大多數國家都有類似的規定，「一發明一申請」原則。主要考量因素有二：

（一）專業審查

　　基於技術及審查上之考量，明定一申請案應僅就每一發明，單獨提出申請；舉例來說，智慧局在專利申請案上之分類、檢索等，因專利範圍十分明確，行政程序處理起來也相對便利；倘若申請人提出不符合相關規定之申請案時，如二個以上的研發成果，自行合併申請為同一件案件，經審查人員通知後，必須採行分割或刪修部分內容，否則智慧局可將全案予以駁回。

　　若已審定才發現違反此項原則，又該如何處理？已既成事實或法律關係之案件，採行不溯及既往為原則，主要理由在於：因違反單一性，並未涉及專利要件，智慧局已核准審定，其他人不得提起舉發。簡言之，生米既已煮成熟飯，宣告案件已經結束無須再提。

（二）經濟考量

　　專利是一種能排除或阻擋競爭對手，進入該特定領域的法律工具；為預防企業濫用專利制度，變相成為專利競爭手段，欲申請專利保護的同時，亦須負擔高額的專利維護費。有鑑於使用者付費的概念，好的專利雖然很有價值，但價格往往也是一筆不小的負擔；為防止申請人只付一部分費用，卻獲得多項保護，唯依專利請求項數收取規費，才算合理公平。

（三）例外允許

　　屬於同一個廣義發明概念者，例外允許將兩個以上之發明，併為一申請案。何謂廣義發明概念？簡單來說，就是二個以上的發明，在技術上有相互關聯性，也就是說，在專利請求項中，包含一個或多個相同或對應的特別技術特徵（special technical features），較先前技術具有新穎性及進步性，這就屬一個廣義發明概念者，具有發明單一性。

　　舉例來說，竹蜻蜓的引擎及螺旋槳，引擎及螺旋槳兩者彼此為互補之功能，試想發明人在研發竹蜻蜓的同時，不可能不同時考量到引擎大小、功能與螺旋槳之間的契合度，而且，竹蜻蜓實際操作上，兩者缺一不可；因此，若想要擁有最寬廣的發明專利，申請範圍的選項：❶將引擎設為一個獨立請求項；❷將螺旋槳也設為一個獨立請求項；❸最後將竹蜻蜓也設為一個獨立請求項。

　　以上都只是「物」的發明，若有龐大資金做後盾，建議也可將製造方法、生產流程或結構……等，通通申請方法專利，以確切完整保護得來不易之發明成果。

小博士解說

單一性之概念

　　每一申請專利之發明應各別提出申請，但考量申請人、公眾及專利專責機關在專利申請案的分類、檢索及審查上之便利，專利法有明文規範，二個以上之發明於技術上相互關聯，而屬於一個廣義發明概念者，得於一申請案中提出申請，發明單一性規定之立法意旨係有效利用審查資源。

一發明一申請原則

定義		申請發明專利應就每一發明提出申請
考量	專業審查	❶有效利用審查資源，每一發明申請案僅限一發明 ❷不符合規定申請案，須分割或刪修部分內容，否則予以駁回 ❸已審定才發現違反此項原則，採不溯及既往為原則 ❹未涉及專利要件，且已核准審定，案件已結束無須再提
	經濟因素	❶預防企業濫用制度 ❷負擔專利維護費
例外	發明單一性	同一個廣義發明概念者，即二個以上的發明於技術上有相互關聯

竹蜻蜓為例

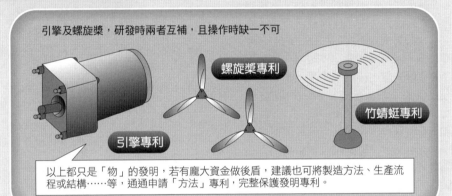

引擎及螺旋槳，研發時兩者互補，且操作時缺一不可

螺旋槳專利

竹蜻蜓專利

引擎專利

以上都只是「物」的發明，若有龐大資金做後盾，建議也可將製造方法、生產流程或結構……等，通通申請「方法」專利，完整保護發明專利。

★廣義發明

判斷步驟	預選特別技術特徵→檢索先前技術→進行比對 ❶參照說明書、申請專利範圍及圖式所記載之先前技術，於各發明技術特徵中，選擇有別於先前技術者，作為特別技術特徵 ❷檢索先前技術時，應就技術內容涵蓋最廣進行檢索，並與相關先前技術進行比對，以確定該預選之特別技術特徵 ❸檢索後，依檢索到的引證文件對各請求項之所有發明進行新穎性、進步性判斷
判定結果	❶特別技術特徵認定所有請求項，具新穎性及進步性，申請專利範圍具發明單一性 ❷認定所有請求項，不具新穎性或進步性；雖不具發明單一性，但已就所有請求項進行前案比對，得針對請求項之審查結果，通知不准專利事由 ❸檢索引證文件有限，僅能認定部分請求項不具新穎性或進步性，無法認定全部 ❹認定部分請求項有新穎性、進步性，其他請求項因不具發明單一性，不再進行檢索

UNIT 3-10
分割申請

複雜事簡單化。我國專利制度採行一發明一申請原則，申請專利時，應就每一創作各別申請；面對複雜且困難度極高的發明專利，或不符合一創作一申請的專利，申請人可主動提出，或經由智慧局通知，將兩個以上的請求項分開處理，亦即一案改請為兩案，謂之分割申請。

（一）申請時限

分割申請等同申請案之改請；顧名思義，該發明仍屬申請階段，尚未取得專利。一般而言，申請程序耗時費力，唯在一切結果未定數之前，提出均可。舉例來說，原申請案審定核駁前，專利專責機關會先發出核駁理由，以書面通知方式告知申請人，讓申請人於初審階段，也有申復陳述意見的機會；此時，申請人收到審定書三個月內，即可提起分割之申請。又譬如說，申請案初審被駁回，不服氣的申請人通常會提起「再審查」程序，依此類推，申請人只要再審查審定前，也就是處分前提出分割申請，或於原申請案核准審定書、再審查核准審定書送達後三個月內提出分割申請，亦可。

（二）申請文件

❶申請書。
❷原申請案與修正後之說明書及必要圖式。
❸有其他分割案者，其他分割案說明書及必要圖式。
❹主張原申請案之優先權者，原申請案之優先權證明文件。
❺原申請案有主張新穎性優惠期者，其證明文件。
❻原申請案之申請權證明書。

❼主張原申請案之優先權者，應於每一分割申請案之申請書聲明。

（三）注意事項

❶申請人

辦理分割申請時，兩案之申請人原則上應該相同；若原申請與分割案不同時，應檢附讓與證明文件，使兩案之申請人相同，或證明兩者間有另行約定的關係。

❷專利範圍

申請案改請，不得變更原申請案之專利種類，如原申請案是發明專利，分割申請也應是發明專利。再者，仍須依照一般申請案申請程序，檢附所有申請文件，包括申請書、說明書（圖說）、必要圖式（圖面）及相關證明文件；需特別留意的是，不得超出原申請案申請時，說明書、申請專利範圍或圖式所揭露之範圍。

❸申請日

分割案仍依一般申請案的專利要件審查，申請日認定以原申請案的日期；如有主張優先權者，得主張優先權日為申請日。

❹既成事實

分割案是完全獨立於原申請案外之個案，申請案一旦分割後，即為二件專利申請案，故原申請案事後撤回、放棄、不受理或撤銷，均不影響分割案之效力。舉一反三，倘若欲提出申請分割案，卻又未於「存續有效期限內」提出，則原申請案已完成程序續行審查之情事，亦無再提出分割之可能；簡言之，原申請案已成定局，申請過程即宣告結束，已無後續，當然就無權再提出申請分割案了。

申請分割

定義	一案改請兩案：申請人提出或經智慧局通知，將兩個以上請求項分開處理
申請人	❶兩案申請人原則上應相同，不同時，應檢附證明文件 ❷發明人應為原申請案發明人之全部或一部分 ❸不得增加原申請案所無之發明人
申請日	❶原則上，原申請案日期 ❷主張優先權者，以優先權日為申請日
申請文件	❶申請書 ❷原申請案與修正後之說明書及必要圖式 ❸其他分割案說明書、必要圖式 ❹主張原申請案之優先權者，原申請案之優先權證明文件 ❺原申請案有主張新穎性優惠期者證明文件 ❻原申請案之申請權證明書 ❼主張原案之優先權者，應於每一分割申請案之申請書聲明
專利範圍	❶不得超出原申請案之範圍 ❷不得變更原申請案之專利種類
申請時限	❶一切結果未定數之前 ❷原申請案再審查審定前，或原申請案核准審定書、再審查核准審定書送達後三個月內
效力	申請案事後撤回、放棄、不受理或撤銷，不受影響

燈泡為例

分割前	原申請案	
發明名稱	一種燈絲 A 及利用燈絲 A 製成的燈泡 B	
申請專利範圍	❶一種燈絲 A ❷一種利用燈絲 A 製成的燈泡 B	
分割後	A 申請案	B 申請案
發明物品	燈泡	燈絲
申請專利範圍	一種利用燈絲 A 製成的燈泡 B	一種燈絲 A
說明	❶分割前原申請案請求項是燈絲 A 及利用燈絲 A 製成的燈泡 B ❷兩者間之相同特別技術特徵為燈絲 A，具發明單一性 ❸得於一申請案提出申請，亦得申請分割，於不同申請案申請專利	

UNIT **3-11**
申請日追溯權

專利等同獨享某種權利；然而，權利並非憑空而來。專利申請權人提出申請，經智慧局極為繁瑣複雜之審查程序後，才授予申請人專屬的權限；雖非國家恩賜但也因政府保證，社會大眾或企業界較有信心，投入大量的資金及人力，齊為提升產業技術，有效帶動經濟發展，來共襄盛舉。

我國專利申請審查程序，採行負面表列制度，針對不予專利之情事，以專利法明文規定為限，不得憑空創設；換言之，只要沒被列為拒絕之理由，即是准予通過。然而，這樣的審查方式，難以確保不會遭到有心人士濫用或利用。舉例來說，為表對發明人或創作人之重視，法規明定，申請專利乃由專利申請權人提出；倘若陰錯陽差或惡意存心占有，導致非專利申請權人取得專利權時，真正申請權人的權益，該如何受到保障？

（一）撤銷取回

專利權並不是一項主動的權利，而是經過申請「被動」的權利，也就是說，當真正擁有該項權利的人，並不在乎時，旁觀者也不好說話，任何人都可當作若無其事發生；反之，當權利歸屬有疑慮時，真正申請權人得向智慧局，就非申請權人之專利權事宜，逕行予以舉發的申請，撤銷其專利權。

申請舉發，應備具申請書一式三份，載明被舉發案案號、專利證書號、被舉發案名稱、舉發人、被舉發人及代理人等資料，且應載明舉發聲明及舉發理由，並檢附證據一式三份。若專利權經撤銷後，❶未依法提起行政救濟；❷提起行政救濟經駁回確定者，即為撤銷確定；專利權一旦經撤銷被確定，該專利權之效力，視為自始不存在。另外一提，對審定公告中的申請案，是提出異議申請，異議與舉發的差異，切勿搞混。

發明專利權期限，自申請日起算二十年，舉發本無期限之限制，原則上凡專利權存續期間內，均可行使；為避免專利權歸屬，一直處於不確定狀態中，影響交易安全，如真正專利權人欲主張其權利，時間上將有所限制。換句話說，單就專利權歸屬之爭議事項，若真正申請權人，經專利案公告二年內不行使，為確保專利交易的安全，將無法再提起撤銷他人之專利，聲請取回該項專利；當然，若單單只要撤銷，並未想取回擁有專利，則無時間上的限制。

（二）追溯申請日

經智慧局審查結果，其舉發案成立者，將撤銷專利權，該專利權理應自始不存在。此時，為達公平起見，應當給予真正申請權人擁有申請專利權的機會才是；再者，也可能會因為真正申請權人欲再次申請時，已早有同一發明之申請案提出，又面臨到喪失新穎性，無法符合專利要件，使得真正的申請權人，無法透過申請重新獲得專利的保護。

為彌補此缺失，專利制度亦明文規定，真正專利申請權人有申請日之追溯權；換句話說，真正專利權人得援用非申請權人之申請日，當其重新申請案之申請日，撥亂反正後的專利權，免於落入申請程序中的空窗期，落實保障真正申請權人的權利；當然，為避免法律關係長期處於不確定狀態中，同時也規定真正權利人應於撤銷確定後二個月內，就相同發明之專利，提出申請。

申請日追溯權

起因	專利權所屬非人，遭舉發案撤銷該專利權
爭議點	❶專利權人非專利申請權人 ❷共有專利申請權，非由全體共有人提出申請者
申請舉發	檢具理由及證據提起舉發，請求撤銷該專利權 ❶申請人：利害關係人 ❷申請文件：一式三份
交付答辯	舉發人檢附聲明、理由、證據完備者，應將舉發申請書副本及所附證據，送交專利權人，限期於副本送達之次日起一個月內答辯
撤銷確定	❶未依法提起行政救濟 ❷提起行政救濟經駁回確定者，即為撤銷確定 ❸專利權一旦經撤銷確定者，該專利權之效力，視為自始不存在
撤銷時限	❶專利權歸屬之爭議事項：公告之日起二年內 ❷單純就專利權撤銷事宜：無時間限制
追溯申請日	真正專利權人得援用非申請權人之申請日 ❶撤銷確定後二個月內，就相同創作提出申請 ❷申請日得援用非申請權人之申請日

以B之申請日為A之申請日

二個月內

專利申請權人 Ⓐ

舉發　舉發撤銷確定　申請　不再公告

2年內

非專利申請權人 Ⓑ　申請　公告

★舉發後可否撤回？

舉發案審定前，是否撤回屬於舉發人的自由；若舉發案想撤回，而專利權人已提出答辯，應經由專利權人同意，智慧局會將撤回舉發事實通知專利權人，通知送達後十日內，專利權人未反對者，視為同意。除非，舉發案已經審定結束，就沒有所謂的撤回問題。

第 **4** 章

發明專利的審查與再審查

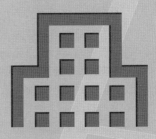

章節體系架構 ▼

UNIT **4-1**
實體審查之申請

專利權之實體內容，可因審查與否，分為「註冊主義」與「審查主義」；前者僅就書面文件是否完備、資料內容是否屬專利保護範圍，做形式上的審核，故又稱形式審查主義；後者則更進一步要求，對專利各要件一一評估且鑑定，必要時甚至進行實驗、現場勘驗，更加繁複的審核程序。

發明專利、設計專利採實體審查，新型專利採形式審查；實體審查又分為：發明專利依申請進行，設計專利則依職權進行。以下，簡介發明專利的審查程序：

（一）請求審查制

隨經濟與科技迅速發展，專利申請案件量大幅且快速增加，遠超過智慧局與專利審查人員所能負荷；然而，眾申請案中，有些專利不夠成熟，單就為搶得先機而進行申請，甚至某部分申請者，只為當作商業競爭手法，採行防禦性的申請，針對那些可有可無的專利申請案件，投入大量人力物力，實為沒有意義。為此，我國引入請求審查制（又名延遲審查制），凡申請人提出申請案後，自申請日起算三年內，任何人想早點知道審查結果，都可以向智慧局提出申請。換句話說，在期限內無人提出者，為不浪費社會資源，採取不請求即不審查精神，申請案視同撤回；已被公開的發明申請案，即屬於先前技術，得作為引證資料。

（二）審查人員

專利法明文規定，應指定從事專利審查工作之專利審查官為之；依「專利審查官資格條例」規定，從事審查工作的專利審查官，得依其專利審查經驗、專業性及訓練合格標準等，分為專利高級審查官、專利審查官及專利助理審查官。簡言之，實體審查有其專業性，應具備一定的學經歷，以求慎重。

（三）審查期限

發明專利申請日後三年內，任何人均得申請實體審查。期限三年，是否有通融或例外？答案是有的。申請分割案或改請案時，可能因援用原申請日的結果，期限恰巧已超過三年，為避免該等案件，因逾期而喪失申請實體審查的機會，特別通融分割或改請案，得依申請日或改請日起，延後三十日申請。舉例來說，飛哥與小佛 2022 年 1 月 1 日向智慧局提出申請隱形飛機之發明專利案，若到 2025 月 1 月 1 日之前，無任何人（包括飛哥與小佛）提出實體審查申請，則此申請案視為撤回，自行放棄；再假設，飛哥與小佛若於 2024 年 12 月 15 日提出分割申請案，因申請案改請等同指該發明仍屬申請階段，故自 12 月 15 日為申請日，往後順延三十天，到 2025 年 1 月 15 日前。

（四）審查限制

審查中不可撤回。申請案一經實體審查啟動後，原則上只能靜待審定之結果，主要是避免第三人重複申請。因申請審查事實須刊登於專利公告上，如反覆無常，易動搖民眾對專利公告的公信力；二來，經濟考量，進行中的審查程序已投入相當人力與物力，就算中止，也無法節省所耗費的資源。除非發明專利申請人欲撤回申請案，在發給第一次審查意見通知前申請，也無不可，既撤回，審查也無繼續的必要。

審查程序

	註冊主義
	書面審查 ＝ 智慧局 專利證書

	審查主義
	書面審查 ＋ 要件評估（申請日期 2022年 3月25日）＋ 實驗、勘驗

請求審查制（又名延遲審查制）

適用範圍	發明專利屬審查主義，依申請進行實體審查
申請時間	自申請日起算三年內，任何人欲早日獲知審查結果，均可提出申請
審查人員	從事專利審查工作之專利審查官
審查期限	三年內；申請分割案或改請案，得依申請日或改請日起，延後三十日
審查限制	**審查中不可撤回** ❶ 避免第三人重複申請 ❷ 經濟考量，中止審查無法節省所耗費之資源 ❸ 例外：專利申請人撤回申請案

知識補充站

相同發明有二個以上之申請案時，因採行先申請原則，僅能就最先申請者，准予專利。又因發明專利是採請求審查制，必須以發明申請案有申請實體審查為前提；也就是説，發明專利申請案很有可能發生，送件申請日在前，卻遲遲未申請實體審查程序的情況。換言之，智慧局會以「已實體審查」為前提，再依「申請日」之前後順序，判定何者擁有發明專利權。

UNIT **4-2**
早期公開之適用

圖解專利法

專利制度之美意在於，藉由賦予專利權而將其技術公開，得使產業界盡早獲知該專業技術資訊，進一步從事開發研究，以達促進產業科技提升之目的。然而，發明專利之申請案的審查期限較長，如果要等到實體審查審定核准，才公開其申請內容，可能造成第三人對相同技術，早已進行重複研究、投資或申請，無法充分發揮專利制度之功效。

早期公開制度的設計，即可解決此一困境；那麼，如何掌握適當公開時機？又該注意哪些事項？即是此一制度下，另可探討之話題。

（一）發明公開

發明專利申請文件，經審查認為無不合規定程序，且無應不予公開之情事者，自申請日後經過十八個月，應將該申請案公開之；也就是說，申請案提出十八個月後，不論專利申請人是否申請實體審查，或實體審查是否審定核准，智慧局都將公布申請案的所有內容，讓社會大眾透過公開方式得知最新資訊。切記，公開只是將技術內容徹底揭露，並非公告，是無法取得專利權的。

舉例來說，智慧局受理發明專利申請文件後，初步先就程序上檢視規費繳納、文件是否齊備、是否使用中文、在我國有無居所者或委任代理人等等，文件形式上的審核，倘若申請案資料完全符合規定，且無不予公開的事情，如半途撤回、涉及國防機密、妨害公共秩序或善良風俗等，自申請日起算，經過十八個月後，就應將該發明之申請案的內容，以公告方式全部公開化，此過程即稱「早期公開制度」。

（二）特別說明

❶**僅適合發明專利**：新型、設計專利，因創作技術層次與發明專利不同，或產品生命週期較短等因素，適用早期公開制度的機會與實質意義不大。

❷**為何訂定十八個月**：必須將可能主張優先權（十二個月）的因素考量在內，再加上前置作業期間，如程序審查、分類整理及印刷刊物等，參考世界各國立法先例，訂定十八個月為期限。

❸**半途撤回規定**：自申請日起十五個月內撤回者，因已無申請亦無公開之必要。換句話說，早期公開之行政作業時間約需三個月，超過十五個月才申請撤回者，因專利專責機關的準備公開作業，大致已完成，來不及抽回，仍然予以公開。

❹**優先權起算點**：申請日起算時，已將優先權期間考量在內，故公開期間自「優先權日」起算，如主張二項以上優先權時，則以最早之優先權日起算。

❺**提早或延後**：專利申請人想更快速擁有其專利，想在法定公開期限前申請提早公開，這是可行的；相反來說，是否可申請延後公開期限，因為有違公開制度的美意，故答案是否定。

小博士解說

不予公開事項
❶自申請日後十五個月內撤回者。
❷涉及國防機密或其他國家安全之機密者。
❸妨害公共秩序或善良風俗者。
❹第2項、第3項可限期向智慧局申復，屆期未申復者，不予公開。

早期公開制度

定義	申請案經審查，無不合規定且保密情事，經一段期間後公開其技術內容
目的	❶產業界得以儘早獲知該項技術資訊 ❷避免企業重複研發 ❸得進一步從事開發研究，提升促進產業科技
適用	僅適合發明專利
期間	自申請日起，十八個月
方式	❶發明公開公報上，將技術內容徹底揭露 ❷中文本內容公開，有申請修正案件者，一併公開修正本 ❸非專利公告（取得專利權）
不予公開事項	❶自申請日後十五個月內撤回者 ❷涉及國防機密或其他國家安全之機密者 ❸妨害公共秩序或善良風俗者

主張複數優先權者，得撤回全部優先權主張，或撤回部分優先權主張。撤回優先權主張，致使申請案最早優先權日變更，或無優先權日時，則應自變更後的最早優先權日或申請日起算十八個月後公開。舉例來說，早期公開準備程序開始前，撤回優先權主張者，該申請案之早期公開期間的算法，應延至變更後之最早優先權日或申請日，起算十八個月。

071

UNIT **4-3**
專利審查之行為

專利審查制度可分為實體審查及形式審查二種；發明專利、設計專利採實體審查，新型專利採形式審查；實體審查中又細分，發明專利依任何人來申請即刻進行，而設計專利則以智慧局依職權來進行之。接下來，將一一介紹審查行為之特色：

（一）昭告天下

申請案遞交申請後，申請人如欲取得專利權，或任何第三人欲知審查結果，應於法定期間內申請實體審查，專利專責機關始就專利要件進行審查；換言之，任何人向智慧局申請後，專利案件才會開始進行下一階段的行政程序。然而，縱使在資訊公開的現今社會下，一般社會大眾又怎得知，該專利案件已有人進行申請？為避免浪費資源重複申請，專利法明文規定，凡申請實體審查之事實，應刊載於專利公報上。

申請案一經申請實體審查後，智慧局立即進入實體審查程序，並做成准許或駁回之審定；換句話說，因應早期公開制度，公開前申請實體審查者，刊載於發明公開公報之內容中；公開後申請實體審查者，該事實亦會刊載於發明公開公報之申請實體審查目錄中，以昭告天下。故，一般社會大眾可自發明公開公報查閱，亦可親至智慧局查閱或電話詢問。

（二）檢附書面資料

提出申請後，三年內倘若無任何人提出實體審查，則視該專利案自動撤回，故實體審查有「不申請即不審查」之特性；換言之，欲智慧局進行實體審查階段者，應主動提出申請。然而，口說無憑，至

智慧局申請時應檢附申請書為證明文件。實體審查之申請書，應載明事項有：

❶申請案號及公開編號。

❷發明名稱。

❸申請優先審查者之姓名或名稱、國籍、住居所或營業所；有代表人者，並應載明代表人姓名。

❹委任專利代理人者，代理人之姓名、事務所。

❺是否為專利申請人。

❻發明申請案之商業上實施狀況；有協議者，其協議經過。

❼檢附相關證明文件，如書面通知、廣告目錄或其他商業上實施事實之書面資料等。

（三）通知當事人

基於資訊對等概念，為保護專利申請人，若智慧局一經接獲，「非專利申請人」申請實體審查時，智慧局應將申請審查之事實，通知專利申請人；一來，避免重複申請，二來，且讓申請人知道該項專利申請案，已有第三人對其技術感到興趣，想進一步得知。

舉例來說，阿笠博士因發明無數，常常只記得提出申請專利，不論其後續結果，就將申請案件擱置一旁，無暇接續追蹤是否已取得專利之保護；此時，若有廠商對該項技術深感信心，欲想早日得知實體審查結果，當下以第三人名義向智慧局申請實體審查，智慧局一經申請後，為了讓阿笠博士能立即性知道所有訊息，則須依規定通知阿笠博士。

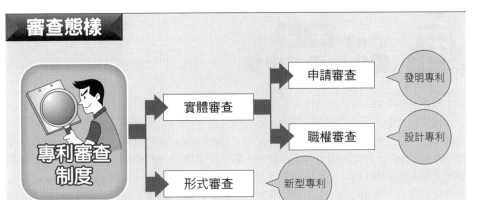

審查態樣

專利審查制度
 → 實體審查 → 申請審查 ← 發明專利
            → 職權審查 ← 設計專利
 → 形式審查 ← 新型專利

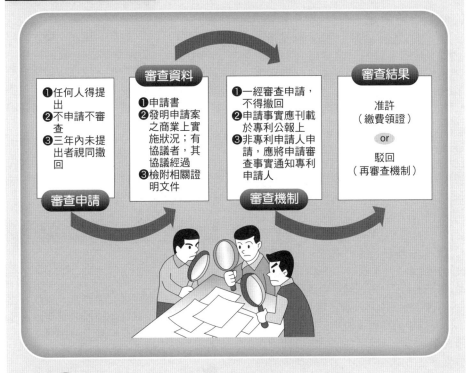

實體審查制度

審查申請
- ❶任何人得提出
- ❷不申請不審查
- ❸三年內未提出者視同撤回

審查資料
- ❶申請書
- ❷發明申請案之商業上實施狀況；有協議者，其協議經過
- ❸檢附相關證明文件

審查機制
- ❶一經審查申請，不得撤回
- ❷申請事實應刊載於專利公報上
- ❸非專利申請人申請，應將申請審查事實通知專利申請人

審查結果
准許
（繳費領證）

or

駁回
（再審查機制）

知識補充站

申請人於申請發明專利時，一併申請實體審查，由於在發明專利申請書上，已具備申請相關資料，因此，僅須於發明專利申請書上註記，一併提出申請實體審查即可，無須再檢送實體審查之申請書。實務上，發明專利申請書上如有勾申請實體審查，但未繳申請實體審查規費，或沒有勾申請實體審查，但有繳申請實體審查規費者，將通知限期說明，以探求申請人真正意思，再行辦理。

UNIT **4-4**
優先審查之申請

吃飯點餐要排隊,看病掛號要排隊,到政府機關申辦案件,理所當然也要排隊;智慧局受理申請案件後,原則上,依先來後到之處理順序,辦理相關業務之審查,實屬常態亦屬常規。但,凡事總有例外,特殊情況者,需優先處理;接下來,針對專利案申請過程中,探討何謂特殊情況?又該如何優先處理?

(一) 效力未定

專利申請案未公開前,他人無從得知專利申請的事實,一切資訊尚在保密中,毋庸置疑,當然都不會有任何發生爭議的機會;一旦申請案已經過十八個月期間,在早期公開制度下,將該項專利之技術內容完全透明化,當下,倘若審查程序仍在持續進行中,專利權未受到任何保護之下,難免易產生權益糾紛等事宜。上述狀況依法律來判定,屬於效力未定之,雙方當事人當然都有空間可以主張自己的權利。

以「竹蜻蜓」專利流程為例,2022 年 1 月 1 日向智慧局提出申請,十八個月後(2023 年 7 月 1 日),申請案被公開,該項特殊技術之內容徹底揭露;另一方面,只要符合三年內(2025 年 1 月 1 日),向智慧局申請實體審查程序,即可進入最終審定階段。因早期公開制度與申請實體審查,兩者間並不相互影響,假設 2024 年,已有人將竹蜻蜓之特有技術實施化,甚至商業化、商品化,而申請人又因審定結果尚未出爐,竹蜻蜓仍未受到專利權之保護;此階段的模糊空間,在專利權歸屬尚未明朗化之前,難免會造成各說各話的局面。

(二) 優先審查

為讓已公開且尚未審定之申請案,權利歸屬早日塵埃落定,專利法明文規定,任何人只要有商業上的需要,均可向智慧局提出申請,將該專利申請案優先審查之。換句話說,為了及早確定專利權有無通過,或專利權歸屬何人等疑慮,准許任何人向智慧局提出申請,優先將已公開的申請案,提早進行實體審查階段。這申請項目純屬便民措施,故免繳任何費用,但須檢附申請書及相關證明文件。

提出時機點,需特別留意:❶未公開發表過,一切屬於秘密,毫無爭議;故申請優先審查時間,應在申請案公開後;❷不申請不予審查,不審查即無優先問題,故申請優先審查順序,應在申請實體審查之後。

另應知道的是,早期公開制度雖規定十八個月,但可提前公開申請;申請優先審查前,若無申請實體審查的事實,最遲,實體審查和優先審查可同時辦理。

小博士解說

公開 vs. 公告

❶公告

發明專利案經過實體審查,獲核准之審定,申請人並於該核准之審定書送達後三個月內,繳交年費及證書費後,公告於專利公報上,取得專利權。

❷公開

發明之專利申請,審查認為無不合規定之事項,且無應不予公開之情況下,於申請日起十八個月後(如有主張優先權者,以最早優先權日為準),刊登於發明公開公報之動作,稱之為公開。

❸差異

經公告之專利,表示已取得專利權;經公開之專利,只是公告該技術內容,並非已取得專利權。

優先審查

優點
❶及早確定專利權
❷免繳申請費用

適用時機

適用時機
❶技術已透明但審定程序尚未完成
❷他人欲為商業上實施時
❸純粹有興趣該專利案審定結果

任何人
可提出申請

公開vs.公告

	公告	公開
定義	發明專利案經過實體審查，獲核准之審定，申請人並於該核准之審定書送達後三個月內，繳交年費及證書費後，公告於專利公報上，取得專利權	發明之專利申請，審查認為無不合規定之事項，且無應不予公開之情況下，申請日起十八個月後（如有主張優先權者，以最早優先權日為準），刊登於發明公開公報之動作
差異處	❶已取得專利權 ❷免申請手續 ❸繳交年費及證書費	❶公告該技術內容 ❷需申請手續 ❸免繳費用

第4章 發明專利的審查與再審查

075

UNIT **4-5**
補償金請求權

圖解專利法

解除原先專利申請時保密狀態,讓社會大眾可由網站或發明公開公報等管道,得知該項專利技術之詳細內容,藉由新技術的公開資訊,提升產業整體科技,此為早期公開制度之公益目的;但,申請案一經公開,確實有可能會發生,第三人據其內容,為商業目的實施的可能性。為避免漏洞缺失而推翻整體制度的美意,多方考量並平衡兩造權益下,專利制度有額外的規定。

(一)暫時性保護措施

已公開且申請實體審查之專利案,將來是否能獲准專利之保護,仍為未定數。申請案已公開並不代表已取得專利權,此時申請者即認為權利受損,實為無稽之談;審定公告後,受專利保護之技術內容已從事商業用途,此時再來談論,如何站在妥善保護專利申請人之立場,給予適當補償的議題,方屬合理。困難之處在於時機上的拿捏,該如何處理?

過與不及皆非理想狀態。我國專利法明文規定,發明專利申請人對於申請案公開後,曾經以書面通知發明專利申請內容,而於通知後公告前就該發明,仍繼續為商業上實施之人,得在發明專利申請案公告後,請求適當之補償金;換句話說,專利申請人得在申請案公開後,先行以書面方式告知,據實已使用該項技術之第三人「該項技術已有人提出專利之申請」,倘若得知此訊息仍持續使用者,將來在取得專利權後,將會以申請程序之時間差所導致可能遭受的損害,做出適當補償的追討行為。

(二)通知?不通知?

書面通知,可讓不知情卻已在實施該

項技術的第三者,明確得到資訊的方式;主要考量原因在於,讓被請求者有所警惕,以達立即中止侵權的行為,或是讓他的心理有所準備,瞭解該項技術將來有可能獲取專利權的保護,以免誤觸專利的相關規定。在不可預知的未來,專利權申請未必全數通過,如果有人惡意循專利的模糊空間,明知且故意有計畫性,欲占盡他人便宜之事,侵害專利申請人之權利;在此情形下,申請人只要能舉證說明,就算不先行書面通知,也可向被請求者索取補償金之事宜。

(三)消滅時效

法律向來不保護放棄權益之人。長期不行使自身權利,或明知他人侵害其權利,卻毫不在意且不加以排除,勢必會影響原有法律秩序之正常維持。因此,為尊重現存秩序,避免因時間過長,造成日後訴訟上舉證的困難,法律對於長期在權利上睡眠者,不宜加以保護;簡言之,補償金請求權自公告後,即可主張,若二年內仍未請求或行使者,自當放棄其權利。

小博士解說

補償 vs. 賠償

❶補償:不以故意過失為要件,對先前所做之合法處分,造成的損失做補足或償還,填補範圍主要依現實所受之損失為限。

❷賠償:須有故意或過失為要件,因不法或違法之行為,造成的損害負起應負之法律責任,填補範圍除了償還,因自己行為所造成他人損失外,還要再加上所失之利益。

補償金請求權

發生情境	申請案公開,但尚未取得專利權 第三人據實已使用該項技術
構成要件	❶ 先行以書面通知(不以書面通知者:申請人負舉證責任) ❷ 仍繼續為商業上實施之人 ❸ 已取得專利權
消滅時效	二年內未請求或行使者,自當放棄權利
補償期間	公開後到公告前

補償vs.賠償

	補償	賠償
要件	不是故意或過失	有故意或過失
責任	對先前所做之合法處分,造成的損失做補足或償還	因不法或違法之行為,造成的損害負起應負之法律責任
填補範圍	依現實所受之損失為限	償還損失 所失之利益

★補償金請求權(§41)

由於本法第32條對於相同發明分別申請發明專利和新型專利,改採權利接續制,對於發明專利公告之前他人之實施行為,如果可以同時主張補償金與新型專利權之損害賠償,將造成重複。爰於第三項規定新增但書,要求專利申請人於補償金和新型專利權損害賠償間擇一行使。

UNIT 4-6
限期補充或修正發明專利申請

圖解專利法

欲速則不達。發明專利之申請，自檢具完備的書面資料，進入審查程序，直至審定結果出爐，一次即能順利取得專利權者，少之又少；倘若因資料不齊全，智慧局立即予以駁回，讓欲申請者需重新再跑一次申請流程，似乎也太不近人情。衡量得失之下，為使申請專利之發明，能更明確且充分揭露，智慧局於審查時間內，得允許申請人在一定條件下，限期補充或修正申請案之相關文件資料。

（一）修改時機

書面資料發生錯誤、缺漏，或表達上未臻完善時，如果不給予補充、修改的機會，將使申請專利的技術無法清楚展現，嚴重影響到權利範圍之認定，有可能導致整個申請案件遭到駁回。基於便民服務的考量，當審查人員發現申請資料有必要修改時，智慧局先行採取發給「審查意見通知函」，通知申請人限期改之；反推，申請人也可自行發現，文件若有不符合相關規定時，也可主動申請補充或修正的程序。

（二）修改原則

為平衡申請人及社會公眾之利益，及顧慮未來取得權利的安定，所以不會准許無條件式地任意修改；換句話說，當申請人接獲通知時，所提出之補充或修正內容，不能任意變動已審查過的申請專利範圍，如此一來，才不會浪費原已投入的審查人力，以求達到迅速審查之效果，另一方面，也能保持各申請案間之公平性。

舉例來說，修改時的大原則，以中文本提出申請者，補充或修正之內容不得超出申請時，說明書、申請專利範圍或圖式所揭露之範圍；以外文本提出申請案者，其外文本不得修正，而補正之中文本，除誤譯之訂正，亦不得超出申請時外文本所揭露的範圍。

（三）補救程序

申請案於初審或再審查階段，通知申複次數到底幾次，才算合理？因個案審查情形不同，無法明文規定之。那麼，申複期限通常維持多久？也會因個案差異，依智慧局通知函為主。倘若限定期間已過，申請人所提補充、修正之處，仍無法克服並說明先前審查之理由者，此時再為通知並無實益，審查人員自行就審定書中，敘明不接受修正之事由，核予駁回。

最後通諜時間。為避免延宕審查程序，審查人員認為有必要時，得進行最後的通知，但僅限於下列事項：❶申請範圍修正事項，如請求項之刪除、申請專利範圍之減縮、誤記之訂正、不明瞭記載之釋明；❷原申請案或分割後之申請案，兩者通知內容皆相同者。

（四）協助機制

發明專利之申請，原則上以書面方式進行審查，申請人如已製妥模型或樣品，不須於申請時一併提送，只需在申請書內載明。倘若針對具體之個案，審查人員認為有其必要，希望藉由雙方面談方式，以利釐清文件上的疑點，或為案件審查進行必要的實驗、輔以模型或樣品說明等；審查人員可依職權，通知申請人補送或配合其要求；反之亦然，申請人想向審查人員親自當面解說或操作時，也可主動向智慧局辦理面詢申請。

補充或修正申請

定義	為使申請專利之發明內容能更明確且充分揭露,審查時得允許在一定條件下,限期補充或修正申請案之相關文件資料	
時機	❶審查中	申請人得隨時主動提出;智慧局依職權通知
	❷發給審查意見通知或最後通知	僅就通知期限內
範圍	修改大原則:不能任意變動已審查過的申請專利範圍	
補救程序	申復次數及期限皆因案而異	

 ★發明專利申請案,修正應檢送文件

❶修正申請書一式二份

❷修正部分劃線之說明書或申請專利範圍修正頁一式一份

❸修正後無劃線之說明書、申請專利範圍或圖式替換頁

(初審審查意見通知送達前一式三份,初審審查意見通知送達後一式二份)

UNIT **4-7**
審定書之製作

欲申請發明之專利，首先應具備申請書，向智慧局提出申請，一經申請後，該項專利申請案，隨即進入審查程序中，歷經初審、再審查、更正、舉發、專利權期間延長、專利權期間延長舉發……等各階段，直至最後結果出爐，不論是准或不准專利，依專利法明文規定，一律都要做成書面形式的行政處分，並將文件資料送達申請人或其代理人手中。

（一）拒絕有理

人民有權請求行政機關，在確保民眾利益下應有之作為；行政機關則須依法行政，針對民眾申請事宜，給予適當的行政處分。一般來說，為增加民眾對行政決策過程的公信力，行政機關所做之任何決議，理應都該給予適當的說明，透過給理由的做法，讓社會大眾得知，行政程序並非只是空洞的儀式，審查人員並非都是橡皮圖章，所有的結果都是在慎重考量下所做的決定。

同理可證，發明專利申請案，一經審查結果後，理應都該製成審定書，送達到申請人手中；倘若智慧局之決議，是不准予專利保護，則審定書的內容，應具體說明其理由，讓申請者心甘情願接受這結果，減少不必要之爭訟，進而符合公正原則的要求。反之，審查結果若是准予專利，因考量到未影響或限制人民任何的權益，此時，審定書之內容載不載明其理由，似乎也無傷大雅，不必強求。

（二）以示負責

名花有主，宣示主權；專利申請程序啟動後，依規定，智慧局必須指派審查人員受理此案，健全分案管理制度，積極且有效率地執行申請案之後續處理流程。因專利審查具高度專業性，為表示慎重起見，無論任一階段之審查結果，該審查人員都應具體描述處理過程於書面中，最好能詳載每一細節的原因和理由，將所有相關最終決議的影響因素，全部滴水不漏式地載明於文件內容中，最後簽上署名，完成整份審定書之製作；簡言之，即透過宣示姓名方式，以表對其審定結果負起全責。

（三）電子化服務

智慧局自 2011 年起，於 e 網通網站（https://tiponet.tipo.gov.tw）推出「專利審查公開資訊查詢功能」，提供民眾上網查詢相關資訊的服務；同年 12 月，更進一步開放，發明專利再審查案件之再審查歷程資料的查詢服務。換句話說，民眾現可以透過該網路系統查詢到「審查意見通知函」、「專利再審查核准審定書」或「專利再審查核駁審定書」等審定書的歷史相關資料。

😊 小博士解說

❶審定書

發明及設計專利採實體審查，申請案經過一連串審查程序後，准或不准予專利，皆應載明其原因或理由於書面上，該最終做成之文件，稱為審定書。

❷處分書

新型專利僅進行形式審查，申請案一經提出申請後，認為無不予專利之情事，就應發給最終決定之書面文件，稱之為處分書。

審定書

審核通過

署名，
以示負責

專利人員

電子化服務

智慧局

審定書vs.處分書

審定書
vs.
處分書

採實體審查，稱之審定書

採形式審查，稱之處分書

二者都是行政處分，效力相同

知識補充站 ★審查流程&文件類別

❶申請案經逐項審查後，如判斷有不准專利事由，應附具理由發給「審查意見通知」，以利申請人據以申復；克服該等不准專利事由，申復時得一併進行修正。

❷申請人於申復或修正時，雖克服所有已通知之不准專利事由，惟因修正產生新的不准專利事由時，得發給「最後通知」，限制申請專利範圍之修正事項，達到迅速審結之效果，並可使審查意見通知具有明確性、合理性與可預期性。

❸經審查後，如無不准專利事由，應作成核准「審定」；如申請人申復或修正後，未克服審查意見通知所指出之全部不准專利事由，亦即仍有先前已通知之任一項不准專利事由者，得作成核駁審定。

UNIT 4-8
審定公告

申請案經智慧局審查過後，認為沒有不給專利之理由，原則上就應該核准申請案，並將申請書、說明書、必要圖式及審定書等，所有書面文件資料，即時予以特定方式公開，謂之審定公告。接續探究，審定原則為何？公告機制為何？內容及方式又為何？

（一）審定原則

一來，為避免政府過度干預或延誤業者商機，二來，並非所有發明創作出來的物品，都可獲得專利之保護，故，世界各國都有排除專利保護之相關規定，我國也不例外。專利法明文規定，審定原則採行負面表列，列表中之事項，應通知申請人限期申復，逾期未申復者，即審定不准予專利；換言之，只要不違反不予專利的事項，其餘一律都行。不予專利之審定事項有：❶不符合發明標的及產業利用性、新穎性、進步性、擬制喪失新穎性等專利要件；❷發明內容，不應給予專利者；❸違反先申請原則之規定；❹違反單一性原則，即所謂一發明一申請之規定；❺發明專利說明書撰寫格式違反規定。

（二）公告機制

公告的關鍵，主要是想藉由資訊透明化，達到下列目的：❶避免侵權：專利權為無體財產權，是一種獨立於有形物體的所有權，需要以公開周知的方式，讓社會大眾得以瞭解，以避免不知情的第三者，無意間侵犯他人的權利；❷技術研發：透過研究成果的公開，讓有心人士能取得核心技術，再次投入相關領域中，以利從事更高階之研發工作，成就良性循環之效；❸公眾審查：單憑審查法規、審查基準及前案檢索資料，即

判定專利是否核准，確實稍嫌寬鬆，易產生爭端；經多方考量下，欲藉由公告方式，提供大眾監督管道，你我共同把關下之舉發制度，不失為另一補救之好辦法。

（三）公告內容

除應予以保密者外，經公告的專利案件，任何人得申請閱覽、抄錄、攝影或影印其審定書、說明書、申請專利範圍、摘要、圖式及全部檔案資料。申請書、說明書、必要圖式及審定書之文件說明：❶申請書：向專利專責機關請求授予專利權之書面意思表示；❷說明書：申請文件中，內容最多且最繁瑣的一部分，其作用在於提供發明及其所屬技術領域必要之資訊；❸圖式：以圖形搭配元件符號，將技術內容及技術特徵的部分，簡單地解說清楚；❹審定書：審查程序中的相關資料，一一判讀且釐清後，將最終決議形成的過程，以書面方式具體呈現。

小博士解說

有人將已公開之專利資料加以整理，有無違法之疑慮？

假設，以非營利目的為前提，將專利公報重製並上網提供下載，依專利法第 47 條之立法意旨，自無違法之虞；舉例來說，某專利商標事務所，或民間法人組織，期望自行建立專利資料庫，為客戶或會員提供服務。

但，利用他人著作是事實，除非是著作權法之合理使用，否則未經授權逕行使用他人說明書等著作，是否有營利為目的，並不能作為免責之依據；為此建議，最好還是先行知會著作權人才是。

審定公告

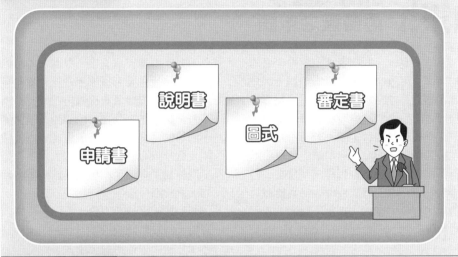

審定原則

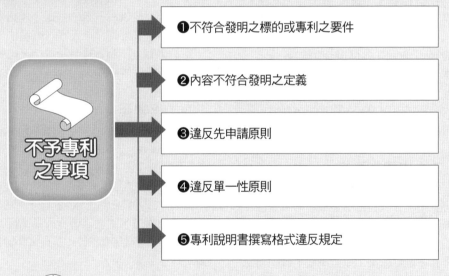

不予專利之事項

❶不符合發明之標的或專利之要件

❷內容不符合發明之定義

❸違反先申請原則

❹違反單一性原則

❺專利說明書撰寫格式違反規定

★有人將已公開之專利資料加以整理,有無違法之疑慮?

■非營利目的為前提,將專利公報重製並上網提供下載,依專利法第47條之立法意旨,自無違法之虞;但,利用他人著作是事實,除非是著作權法之合理使用,否則未經授權逕行使用他人說明書等著作,是否有營利為目的,並不能作為免責之依據。

■建議,最好還是先行知會著作權人才是。

UNIT **4-9**
再審查之申請

審查實務上，對初審審定結果不服的申請者，可再一次提出審查申請，稱之為再審查。換句話說，因專利涉及專業技術，申請人對於第一次的實體審查結果，是核予駁回審定時，若有不服，可在提起訴願之前，再次申請由智慧局進行「第二次」的審查程序。換言之，再審查制度是屬於行政機關，自我審視之機制，對於再審查之審定不服者，才可提出訴願；即訴願之必要前置程序。

（一）申請期限

申請再審查，應於不予專利之審定書，送達後二個月內，申請人或其繼受人，將申請書連同理由書，向智慧局提出申請，有種復審性質的意味。二個月，此項期間規定是屬於法定不變期間，因原審定日已確定，逾時才提出請求者，該項申請案在程序上，就會以不符合規定，直接被智慧局拒絕受理。

（二）申請人資格

發明之專利，雖可由第三人提起實體審查申請，但初審結果遭駁回審定後，僅限專利申請人，才具備再審查之提案的資格。附帶一提，倘若第三者對該專利之審定結果，如有不服，該如何處理？因不具備再審查之申請人資格，故不能向智慧局提出申請，唯有待申請人取得專利後，可另以提出舉發方式來申請。

（三）行政救濟

初審審定為不予專利者，當然對申請人的權利或利益有所損害，得依法提起行政救濟。只不過，專利法明文規定，對於初審審定不服者，必須先提起再審查，對於再審查之審定不服者，才可以提起訴願。主要考量原因在於，專利有其專業性，專屬負責機關再次進行審議時，針對申請人所提出的答辯，或陳述理由等的書面資料，一般而言，均較法院人員來得容易入手，且審判程序也來得較簡易；再者，也可減輕法院案件量的沉重負擔。

非關技術審查事宜者，為例外。舉例來說，假設申請程序不合法，如文件經通知該補而未補，或申請人不適格，又譬如申請人未取得合法的受讓證明等，因這些原因而不被受理或駁回；考量原行政處分尚未進行技術的判斷，無關專業性與否，為能即早確定是否有違法或不當的事宜，申請人得直接自行提起訴願、行政訴訟等程序。

（四）再審委員

針對再審查申請案件，仍由智慧局指定審查人員受理，其間程序與初審時並無實質不同；只不過，為使當事人更能信服再審的結果，也排除原案審查人員先入為主的觀念，特別明文規定，再審查時，智慧局應指定與原案不同之審查人員進行處理；再審委員檢驗查核後，亦同，須做成審定書，送達申請人。

再審查

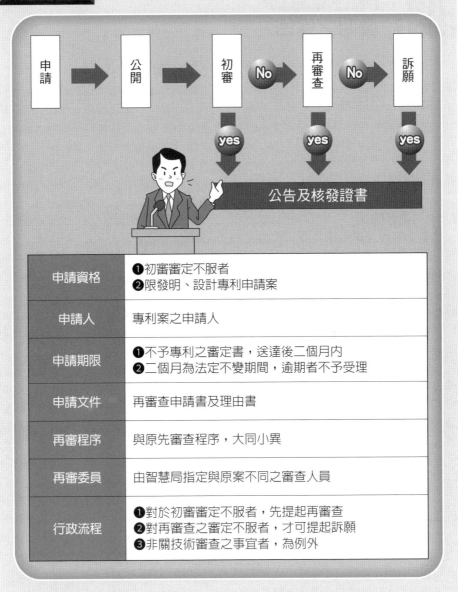

申請資格	❶初審審定不服者 ❷限發明、設計專利申請案
申請人	專利案之申請人
申請期限	❶不予專利之審定書，送達後二個月內 ❷二個月為法定不變期間，逾期者不予受理
申請文件	再審查申請書及理由書
再審程序	與原先審查程序，大同小異
再審委員	由智慧局指定與原案不同之審查人員
行政流程	❶對於初審審定不服者，先提起再審查 ❷對再審查之審定不服者，才可提起訴願 ❸非關技術審查之事宜者，為例外

 ★**各國審查制度**

我國專利審查制度區分為「初審」及「再審」二個階段；就外國制度而言：❶日本：不服拒絕的查定是向特許廳審判部請求審判；❷美國：上訴是向專利審判及上訴委員會（Patent Trial and Appeal Board）提出；❸中國大陸：復審是向知識產權局復審委員會提起。此種審判部或委員會制度，均類似上訴審的性質，相當於我國的再審查及訴願程序。

UNIT **4-10**
發明之保密

圖解專利法

保密防諜，人人有責。保密又稱機密，是指避免重要資料向外洩漏的操守，如政府高層須將重要資料嚴加看管，以免被揭露而導致群眾恐慌；人人有責，主要是喚起民眾的自覺，勿因個人一時疏忽，導致嚴重洩密，可能造成無法彌補的傷害。

（一）國防機密

覆巢之下無完卵，基於國家利益考量，發明專利涉及或影響國家安全時，應賦予保密之規定。然而，申請專利之內容有無涉及國防機密，該從何判定？專利申請案經智慧局審查，或經申請人自動聲明，該技術有可能影響國家安全之疑慮時，應將其說明書移請國防部或國安相關單位諮詢意見；認定有保密必要者，該發明專利即不予以公告，將申請書封存，不供閱覽。有經其申請實體審查者，應做成審定書，送達申請人及發明人，並在審定書中，明敘不予公告之理由。簡單來說，國防機密的認定，以國防部或國安機構說了算。

（二）何謂人人？

負有保密義務者，不只限於審查人員，連專利發明人或申請人亦同。需特別留意的是，針對涉及國家安全應予以保密之專利案件，解密後才能公開，將其技術予以公告於世，且經公告後，才會產生專利權之效力；換句話說，在未公告前，該申請案僅處於完成審定之狀態，仍不具有專利之保護。假設在這一保密期間，申請人、代理人及發明人有違反保密之義務，予以公開，在法律上就視為拋棄申請權；簡言之，洩漏秘密者，將來解密後，也喪失申請專利的權利。

（三）解密程序

沒有永遠的秘密，也沒有永遠的高科技。既無永久保密文件，專利法明文規定，解密程序為：為保障申請人權益，使其儘早取得專利權，保密期間應逐年檢討，無保密必要時，應立即公告，以利完成後續動作，早日讓申請人享有專利權之保護；反之，需再保密者，每次延展保密期間限為一年，並於屆滿前一個月，智慧局應「再次」諮詢國防部或其他國安單位，重新認定該項專利申請案，有無保密之必要性。

（四）合理補償

申請人就保密期間所遭受到的經濟損失，該做何處理？因專利案未經公告尚非權利，不屬於損害賠償之範疇，政府只應給予相當的補償。舉例來說，飛哥與小佛向智慧局申請隱形飛機專利，國防部及國安局認定，該項專利涉及國防機密與國家安全，必須將申請案予以保密且封存；這樣的決議，對飛哥與小佛而言，無疑是個重大的打擊，投入大量的人物力，辛苦研究所得之成果，卻被暫緩不能立即享用，為降低因國家而平白遭受到的損失，飛哥與小佛可以依循專利法明文規定，向政府相關單位申請「相當」的補償金。

保密防諜

審查人員　　嘘

專利發明人　　嘘

接觸案件的人　　嘘

保密程序

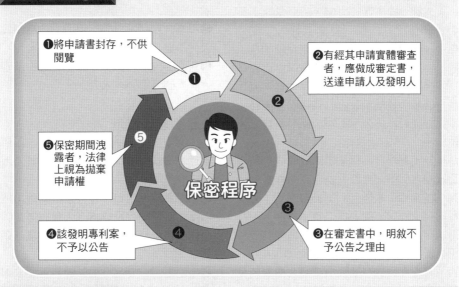

❶將申請書封存，不供閱覽

❷有經其申請實體審查者，應做成審定書，送達申請人及發明人

❸在審定書中，明敘不予公告之理由

❹該發明專利案，不予以公告

❺保密期間洩露者，法律上視為拋棄申請權

保密程序

解密程序

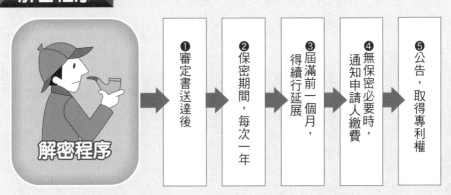

解密程序

❶審定書送達後

❷保密期間，每次一年

❸屆滿前一個月，得續行延展

❹無保密必要時，通知申請人繳費

❺公告，取得專利權

UNIT **4-11**
審查人員應迴避之事由

圖解專利法

專利申請案含有最新的技術情報，往往具有高度的商業價值，由此推知，掌握核准申請案之生殺大權者，足以影響申請人或其關係人，未來在事業上成敗的重要關鍵。為確保專利制度的威信，建立智慧局公正廉明之紀律，專利法亦明文規定，設置審查委員迴避制度，以杜絕相關人員利用職權致生弊端。

（一）迴避原則

東方社會向來講究人情，俗語常說：「有關係就沒關係，沒關係就大有關係」，突顯日常生活中對人際互動的重視，一般而言，良好的人際關係，可作為團體生活中的潤滑劑，無傷大雅；但是，若觸角延伸至政府公務層面，勢必將會造成許多不公、不正，甚至不義之現象。

基於審查委員具有一定的社會身分與公眾期望，不問實際上是否真的會影響到申請案件，原則上，不瓜田李下，先行迴避，針對有關聯性之特定案件，不得執行該案的審查作業，免於影響其公正判斷；也就是說，在專利審查過程中，因為審查人員具有准駁申請案之權限，若該人員因身分、利益或其他足以影響公正性的情形者，就應自行或經申請方式避開，以免左右最終審定結果。

（二）迴避事由

何人必須迴避？除審查人員本身之外，只要與該申請案件，有直接或間接產生關係的所有人，都應有迴避之動作；目的就是為了讓毫無關係的第三者，成為該申請案之審查委員，將感情因素徹底排除，如：

❶本人或其配偶，為該專利案申請人、專利權人、舉發人、代理人、代理人之合夥人或與代理人有僱傭關係者。

❷現為該專利案申請人、專利權人、舉發人或代理人之四親等內血親，或三親等內姻親。

❸本人或其配偶，就該專利案與申請人、專利權人、舉發人有共同權利人、共同義務人或償還義務人之關係者。

❹現為或曾為該專利案申請人、專利權人、舉發人之法定代理人或家長家屬者。

❺現為或曾為該專利案申請人、專利權人、舉發人之訴訟代理人或輔佐人者。

❻現為或曾為該專利案之證人、鑑定人、異議人或舉發人者。

（三）善後處理

如發現有應迴避而不迴避時，該如何處理？發現時機點在於審查前，其處理方式有二：

❶命令迴避，這是一種行政機關的內控機制，智慧局發現該審查人員有迴避義務時，可依職權命令，要求該名職員迴避之。

❷申請迴避，屬另一種外界發動要求迴避的外控機制，就是由利害關係人或當事人，向智慧局申請該名審查人員迴避。

然而，在實務上皆因申請人接獲審定書時，才會赫然發現；當下審查程序已宣告結束，可做何處理？為顧及民眾權益，維護行政機關之信譽，依規定應先行撤銷原決議，將該申請案重新評議，另做適當之處分。

審查人員

迴避原則

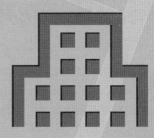

第5章
專利權

章節體系架構 ▼

UNIT *5-1*
發明專利權之效力

專利，國家為促進產業技術，鼓勵發明人將其新技術公開於世，以換取賦予獨占利益作為報酬；換句話說，國家既以保護發明、發展產業為目的，專利權效力之始末，必慎重其事，做一政策性通盤考量。

（一）效力起始點

專利權的授予，必定會經過審查、核准審查、通知繳費、公告發證書等階段。究竟以何時點，作為生效日期呢？專利法明文規定，申請專利之發明，自公告之日起，給予發明專利權之保護，並發給正式證書乙件。再追，究竟何時准予公告？亦有明文規定，經核准審定者，申請人應於審定書送達後三個月內，繳納證書費及第一年專利年費後，始予公告；屆期未繳費者，不予公告。

以公告日作為專利權生效日，考量原因在於，專利權屬發明之財產，未必是以有形物體的方式存在，也就是無體財產權，若未公開宣示，社會大眾無從得知權利範圍；再者，發明與有形物體不同，權利性質上，易於被他人加以模仿或侵害，故國家必須制定一套嚴謹的登記規則，白紙黑字般地，明確載明專利上的所有細節，以防止有模糊空間的弊端發生。

（二）存續期間

專利權就性質上為排他性權利；換句話說，僅賦予專利權人特定期間內，享有專利權。專利期間的長短，主要因素取決於產品上市前所需耗費的時間、投入市場後所需回本的期間，以及該技術保護或開放年限等，自利與公益間的衡量，我國專利法參酌世界各國相關規定後，最終決議，發明專利權期限，自申請日起算二十年屆滿。舉例來說，假設竹蜻蜓申請日為 2022 年 1 月 1 日，但待申請通過，取得專利證書時，已是 2025 年 12 月 30 日；截止日如何計算？論發明專利存續期間為二十年，故，竹蜻蜓專利有效日至 2041 年 12 月 31 日止。

（三）使用者付費

欲享有專利權之保護，需盡繳納專利費之義務；簡言之，繳納證書費及第一年年費，是取得專利權的前提要件。審定書送達三個月後，申請人還是沒有繳納相關費用，智慧局對該申請案，不予公告，不予公告即等同於無專利權生效日，就是「沒專利權」的意思。

領證後，每年必須在年費繳納日到期前，繳交專利年費，專利權才能繼續維持效力；如果沒繳年費，專利權將自動失效；專利權一旦消失，就無法再自行恢復，包含專利權人本身或任何人，都無法再以相同的技術內容，提出相同專利之申請。

專利研發的辛勞，絕非三言兩語能一語帶之，最後卻因延誤繳費期限，喪失其專利權之保護，實為於心何忍。法理不外乎人情，幾經思慮後，給予特別通融期間；也就是說，假設在繳費期限屆滿，且申請人非因故意，仍得在半年內補繳，但第一年專利年費的規費需加倍收取。

專利權

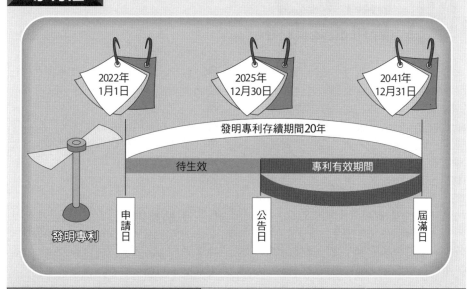

專利權生效三步驟

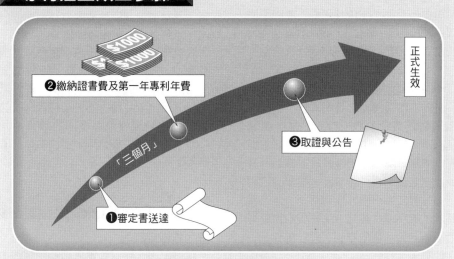

知識補充站　★非因故意而未依時繳納

❶國際立法例上，例如專利法條約、歐洲專利公約、專利合作條約、大陸地區
　專利法，皆有相關申請回復之規定。

❷一時疏於繳納，即不准其申請回復，恐有違本法鼓勵研發、創新之用意。

❸實務上，常遇到申請人以生病為由，主張非因故意之事由，原則上也予以通
　融；因為與準時繳費者相比，已繳納較高數額之款項，已有處罰之意味。

UNIT 5-2
許可證之取得

圖解專利法

生命無價、人命關天，攸關國民的醫療及健康，絕無妥協及試驗的空間。針對醫藥品或農藥品，欲想獲准專利到市面上販售，依藥事法或農藥管理法明文規定，需先向行政院衛生福利部食品藥物管理署或農業委員會，申請許可證後才准上市；簡言之，涉及人體安全的醫藥品或其製造方法的專利，須遵從其他法律規定，取得許可證後才可實施。

為確保醫藥品、農藥品之安全性及有效性，明定須經智慧局及行政院相關主管單位雙重認可，確實造成專利權實施之延宕，故藥界對於新藥研發作業，往往缺乏濃厚的投資意願。為增進人類健康與福祉，我國自 1994 年導入專利權期間之延長制度，增加專利權的經濟利益，誘發製藥商願意投入研發新藥。

（一）申請標的

針對人體醫藥品之發明專利，因要求相對較為嚴苛，故，特許「得」申請延長專利期間。申請人可依自身需求提出；不過，專利標的僅限於醫藥品、醫藥品之製造方法、農藥品、農藥品之製造方法等四項專利。換句話說，非人體使用的藥或其製造方法，如動物專用者，不適用；新型專利、設計專利，不在此列。

（二）申請要件

申請者備妥書面資料（含證明文件），在取得第一次許可證後三個月內，依「專利權期間延長核定辦法」規定，向智慧局提出申請；切記，必須符合在專利權有效期間屆滿前六個月。申請要件包括：

❶限專利權人申請。

❷申請延長時，為有效之專利權。

❸該醫藥品或其製造方法發明專利權之實施，已依其他法律規定，取得許可證。

❹一件專利案僅能延長一次。

❺准予延長專利權之標的，以獲准上市許可證所記載之「有效成分」及「用途」為限。

（三）延長期間

國內外藥廠對專利權期間延長看法迥異，國外藥廠希望擴大且放寬專利權延長期間，但國內藥廠則希望不要過於延長專利權存續期間；主要差異莫過於，國內廠的技術水準一般而言不如國外廠，通常要等到國外藥廠專利權期間已過，才可以開始生產該藥物。

我國專利法明文規定，申請醫藥品或農藥品之專利權期間延長，不得超過許可證有效期間（實施期間），最多延長以五年為限；換言之，在符合許可證有效期內，專利權存續期間最長就是二十五年（發明專利二十年加上延長的五年）。

🔵 小博士解說

許可證取得經過

試驗程序，從試管實驗到動物試驗，確定藥物在生物體內所產生的效果與毒性；接著，進入人體臨床試驗階段，第一期檢測藥物毒性，第二期進行藥物劑量及安全試驗，第三期用人體來測試適用的劑量；無論過程均需在申請書上載明試驗起迄日（包括臨床試驗、銜接性試驗）、申請許可證日期、取得許可證日期等。由此可知，許可證申請程序繁複，把人體健康列為優先考量。

許可證

藥品研發過程

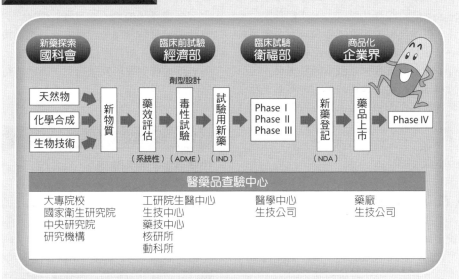

★申請專利權期限延長，應具備文件

❶專利權期間延長申請書。

❷申請延長之專利權為醫藥品或其製造方法者，除藥品許可證影本外，應檢附：①國內臨床試驗期間、國外臨床試驗期間與起、迄日期之證明文件及清單；②國內申請藥品查驗登記審查期間及其起、迄日期之證明文件。

❸申請延長之專利權為農藥品或其製造方法者，除農藥許可證影本外，應檢附：①國內外田間試驗期間與起、迄日期之證明文件及清單；②國內申請農藥登記審查期間及其起、迄日期之證明文件。

UNIT **5-3**
申請延長專利權期間

圖解專利法

專利權存續期間，未能充分運用優勢者，自負其責；客觀條件相較之下，醫藥品與農藥品的發明專利，考量其特殊屬性，確實有可能會因雙重確認機制，導致明明已申請到專利，卻面臨無法實施或上市的窘境。為彌補企業此段被侵蝕的期間，延長專利存續期間的做法，實屬相當合情合理；以下，探討該延長期間之相關規定。

（一）審定中之專利

申請延長專利權者，遇到原專利權存續期間剛好已屆滿，智慧局卻尚未審查完成，這時的專利權效力，如何判定？答：視同該項專利權已延長，直至審定結果出爐為止；若審定結果不予延長者，效力至原專利存續期間屆滿日止。換句話說，延長專利的目的，本就是為補足專利權因須取得上市許可證，導致無法實施的期間，以追加期限方式延長其時效，若未通過申請審定，理當回歸至原截止日為止。

（二）權利範圍

核准延長專利的範圍，僅於許可證所載之有效成分，及用途所限定之項目；簡言之，許可證未載明，或該藥品實際的製造方法，不在討論範疇之內。

舉例來說，阿斯匹靈治療範圍極廣，除感冒、發熱、頭痛、風濕痛，還能預防手術後血栓形成、心肌梗塞和中風等；假設某專利藥品，許可證為：有效成分為阿斯匹靈、適應症為高血壓，申請專利延長並獲准時，其延長範圍為「治療高血壓之阿斯匹靈」，至於該專利藥品，雖然在治療心肌梗塞等疾病，也有不錯的療效，但因未載明於許可證中，無法取得專利延長之保護。

（三）術有專精

針對延長申請案，專利權人取得許可的部分，是否與專利權範圍相吻合？因涉及專業性判斷，故仍須經由審查程序為之；也就是說，還是要經由專業審查人員來進行把關。

申請流程簡述如下：欲申請延長發明專利的申請人，首先應具備申請書，向智慧局提出申請，一經申請後，隨即指定審查人員，就書面資料做細節考核與評估，確認不違反相關規定後，將審定書送達專利權人，通知專利權人檢附專利證書至智慧局，憑證填入核准延長專利權期間，最後一道手續，應予以公告，讓社會大眾得知該訊息，即功成行滿。

🙂 小博士解說

申請書載明特別事項

❶專利權延長理由，應記載該許可內容，含有效成分名稱、成分及用途；如有效成分的一般名稱、商品名稱、化學名或化學構造式等；通常將許可證上所記載之內容，予以轉載即可。

❷當許可證上所記載之有效成分與申請專利範圍上所記載者不一致時，則須說明二者間的關聯性，亦即於申請書中須記載取得許可的有效成分，是為原專利權範圍所能涵蓋之主要說明。

❸若許可證為核可有效成分之特定用途時，則須記載該「特定用途」。

延長專利

20年

申請許可證期間

申請許可證期間

專利申請日

專利公告日

取得第一次許可證

專利權期間屆滿

延長期間屆滿

條件說明

❶彌補專利人因申請許可而延誤行使權利的期間
❷不得超過為取得許可證所花費的時間
❸延長期間最多五年為限

藥品

★一專利一延長

若一發明專利案核准延長專利權期間，即不得就同一發明專利案再次核准延長專利權期間。舉例來說，○○牌農藥（發明之專利）申請殺菌劑及殺蟲劑兩項專利（請求項），若先以殺菌劑之農藥許可證，申請專利權期間延長並經核准，即不得再以殺蟲劑之農藥許可證，申請同一案之延長；換句話說，殺菌劑與殺蟲劑之許可，專利權人僅得選擇其中一件申請，否則就是重複申請。

★限第一次許可證

受一專利案僅能延長一次之限制，各該許可證並不能據以就同一專利案多次申請延長。舉例來說，有一藥物成分以適應A症，取得第一張許可證，隨後發現，也可適應B症，申請變更許可，因成分及用途合併之判斷下，新增適應症也是可取得最初之許可，也就是說，同時擁有二張第一次許可證；然而，欲申請延長時，專利權人仍僅得選擇其一申請之。

UNIT 5-4
專利權之舉發

為彌補醫藥品、農藥品及其製造方法之發明專利，特許經由申請延長專利期間，此一行政處分，勢必影響有意使用該技術領域之社會大眾；基於調和藥商私益與大眾公利，也為提高延長案審查的正確性及可信度，同意藉由第三人協助智慧局，就公告之延長專利案，再行確認之實，務求延長案的核准精確無誤，此套機制被稱為，延長發明專利權之舉發。

（一）申請資格不符

延長申請案非具備資格卻提出申請者，可舉發撤銷之；也就是說，延長申請案的申請人，應為專利權人或已授權之受讓人，或專利權為共有時，該申請應由共有人一同提出；非具備當事人資格提出申請者，第三者可藉由舉發動作，讓原核准延長期間，視為自始不存在。附帶一提，專利權人為外國人時，其所屬國家應與我國訂有雙邊互惠條約或協定，才可行使該權利。

（二）無必要性

專利權延長目的，為彌補申請許可證過程中，延誤存續時期之時效性；換句話說，倘若專利權行使，已無取得許可證之必要，理當也無補償的需要。舉例來說，醫藥品依藥事法、農藥品依農藥管理法，都必須要先取得許可證，方可實施其專利權，若因誤認而通過，經舉發案成立後，原核准延長期間，視為自始不存在。

再者，一件專利案限延長一次，專利權人於取得第一次許可證後，若該許可證所對應之專利案件，同時涵蓋數個請求項時，僅能選擇其中一專利申請，

否則，許可證非第一次或曾辦過理延長者，都有可能會面臨被舉發的命運。同上，經舉發成立者，原核准延長期間視為自始不存在。

（三）額外利益

研發新藥所需投注資金非常龐大，所需試驗期間相當漫長；是以，醫藥品、農藥品之專利權，於各國相關專利法規中，皆有專利權延長期間的規定。然而，認同補償不代表可獲取額外利益，存續期間內的醫藥專利，往往能夠獨占市場確保獲利，為避免制度失衡再次扭曲民眾權益，各國也訂定「未有足夠利潤」之規範；換句話說，就算時間已延長仍無法實施，也可成為舉發事項。經審定舉發成立者，超過期間的延長判定無效，未超過期間的延長，仍屬有效。舉例來說，申請延長期間為五年，核發許可證卻在二年後到期，經舉發成立後，延長期間縮減為二年，剩下的三年期間，視為未延長。

小博士解說

臨床試驗可在國外進行嗎？

當然，以外國臨床試驗申請者，須提出外國主管機關認許之許可證，敘明理由及檢附相關法規證明即可；特別留意，臨床試驗機構需符合國際規範，如國際醫藥法規協合會 E5 準則（ICH E5）、藥品優良臨床試驗規範（GCP）、藥品優良製造規範（GMP）等。

舉發事由

資格不符	❶申請延長專利之人並非專利權人 ❷專利權共有時,非由所有共有人共同提出 ❸核准延長專利權之醫藥品為動物用藥品 ❹申請延長之許可證非屬第一次許可證或該許可證曾辦理延長者
無延長必要	❶發明專利實施無取得許可證之必要者 ❷專利權人或被授權人並未取得許可證
額外利益	核准延長期間超過無法實施期間

延長專利期間存續

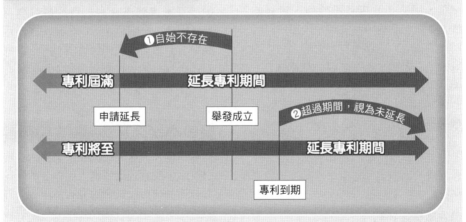

① 自始不存在

專利屆滿　　　延長專利期間

申請延長　　　舉發成立　　　② 超過期間,視為未延長

專利將至　　　延長專利期間

專利到期

知識補充站 ★延長發明專利權得舉發事由

❶發明專利之實施無取得許可證之必要者。
❷專利權人或被授權人並未取得許可證。
❸核准延長之期間超過無法實施之期間。
❹延長專利權期間之申請人並非專利權人。
❺申請延長之許可證非屬第一次許可證或該許可證曾辦理延長者。
❻核准延長專利權之醫藥品為動物用藥品。

經舉發成立確定者,原核准延長期間視為自始不存在;但因違反第3項規定者,就其超過期間視為未延長。

UNIT 5-5
發明專利權人及發明

圖解專利法

專利權保護標的有物品專利權及方法專利權二種；權利行使也可分為二種，一是專利權人積極使用該權利，在國家賦予期間內，得藉此實現其經濟利益的專屬使用權；二是消極排除侵害的權利，即在專利法保護範疇內，第三者未經專利權人同意，自行實施的話，得依法規排除或禁止；簡言之，分為積極實施和消極排除二種。接續，我們嘗試用「排他權」的觀念，來介紹專利的保護。

（一）禁止方式

排他權的意涵，在專利權人取得專屬權後，得禁止並專有排除他人實施的權力；換句話說，明文規定未經同意行使「製造」、「為販賣之要約」、「販賣」、「使用」、「進口」等行為，不論其單獨或並列存在，皆會構成專利權的侵害。

❶製造

①物品專利權：指以機器或手工生產，具有經濟價值的專利物品；②方法專利權：指使用方法來自申請專利範圍所揭露的技術特徵。

❷為販賣之要約

明確表示要約販賣的行為，包括口頭、書面等各種方式；舉例來說，貨物上標定售價並陳列，或於網路上廣告，或以電話表示等，都是提出想做生意的方式。物品專利權與方法專利權相同。

❸販賣

付出代價轉讓專利品的行為，包括買賣、互易等；不論經銷商或零售商，均得為專利侵害訴訟的當事人。物品專利權與方法專利權相同。

❹使用

①物品專利權：指實現專利技術效果的行為，包括對物品單獨使用；②方法專利權：指實現發明之每一步驟的行為。

❺進口

①物品專利權：在國內製造、販賣、使用為目的，從國外進口專利物；②方法專利權：從國外進口以專利方法所直接製成的物品。

（二）解讀範圍

發明專利權範圍，以申請時所附的說明書及圖式為準，解釋時得參酌其他相關書面資料，但不得參考摘要部分。主要考量因素在於，專利權為無體財產權，保護客體不像有形財產般具體可見，因此，必須以法律的方式明確界定範圍；如果保護範圍模稜兩可，任由權利人自行主張，待有糾紛時，再循救濟管道，將費時耗力且影響經濟秩序。

🐸小博士解說

專利權人依專利法所賦予之權利，自己製造、販賣或同意他人製造、販賣其專利物品後，已從中獲取利益，若再對該專利物品主張行使專利權，將影響物品間之流通與利用。為解決此私權與公益平衡之問題，乃發展出「權利耗盡原則」（principle of exhaustion）。

權利耗盡，又稱第一次銷售原則（first sale doctrine），專利權人之專利物品第一次流入市場後，已不得再主張其專利保護；如此一來，即可著重權利人和公眾間之利益調和，讓專利權人獲得私益滿足的同時，也能夠讓公眾更自由地使用該專利物品。

專利權之保護

排他權

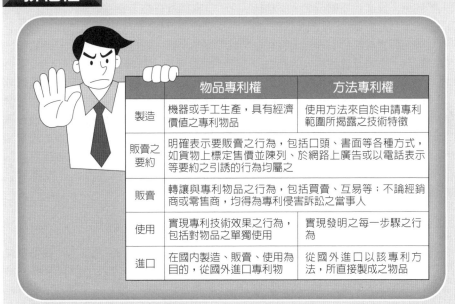

	物品專利權	方法專利權
製造	機器或手工生產，具有經濟價值之專利物品	使用方法來自於申請專利範圍所揭露之技術特徵
販賣之要約	明確表示要販賣之行為，包括口頭、書面等各種方式，如貨物上標定售價並陳列、於網路上廣告或以電話表示等要約之引誘的行為均屬之	
販賣	轉讓與專利物品之行為，包括買賣、互易等；不論經銷商或零售商，均得為專利侵害訴訟之當事人	
使用	實現專利技術效果之行為，包括對物品之單獨使用	實現發明之每一步驟之行為
進口	在國內製造、販賣、使用為目的，從國外進口專利物	從國外進口以該專利方法，所直接製成之物品

★權利耗盡

知識補充站

又稱第一次銷售原則（first sale doctrine），專利權人之專利物品第一次流入市場後，已不能再主張其專利保護；如此一來，即可兼顧權利人和公眾間之利益調和，讓專利權人獲得私益滿足的同時，也能夠讓公眾更自由地使用該專利物品。

UNIT 5-6
專利權適用之例外

圖解專利法

專利權人在享有獨占權與排他性權利後，難保有時不免會轉變策略思維，濫用其專屬權利，企圖阻礙競爭對手進入該領域，背離專利制度的美意。

為平衡各種權益的考量，針對專利權效力做了些許的限制；換句話說，就是第三者可未經專利權人同意下，實施該專利，也不會構成侵權的行為。合理使用事項如下：

（一）公益行為

從事研究或實驗，通常要在原有技術基礎上進行，若事事項項都須取得專利權人的同意，反而會妨礙研發、不利技術的創新；為此考量，容許因研究或實驗為目的，而實施該發明專利。沒有任何營利行為，不損及專利權人的利益，才會為法律所通融；同理可推，非出於商業目的之未公開行為者，尚不致影響專利權人的商業利益，也可比照辦理。

反觀類推，不論學術上研究，或工業技術上的實驗，若將研究或實驗結果予以商業化，如製造、使用、讓與或轉讓等行為，仍會構成專利權之侵害。

（二）先使用權

先申請主義下，專利權歸屬於先申請者；然而，取得專利權所有者，不見得一定是先發明或先實施之人。假設狀況一，不積極申請專利，卻急於投入資源準備生產，當下若有人透過申請取得專利，將面臨必須禁止或廢止一切生產設備之窘境；狀況二，陰錯陽差下，取得非申請權人之專利權，此種瑕疵專利，將被原專利權人申請舉發撤銷之命運，也是面臨無法實施專利，卻又早已投入資源的情境。面對上述兩種情況，一味要求當事人放棄，實在有失公允，對社會資源也是種浪費。

因故，限縮專利權人的權利，賦予先使用者在原事業範圍內，得以繼續利用該發明，稱之為先使用權；換句話說，申請前已在國內使用，或已完成必須準備者，在支付合理的權利金後，可保留使用該專利的權限。但，申請前十二個月內，於專利申請人處得知其製造方法，並經專利申請人聲明保留專利權者，不在此限。

（三）國際運輸

國際社會往來日益頻繁，為維持國際交通運行順暢，對於進入我國境內所有交通工具，如車輛、船舶、航空器等，與其運作上所需的裝置，都可主張合理使用該技術發明。舉例來說，華航飛機自桃園機場起飛，中途停靠新加坡轉機，目的地在溫哥華；此次航程從台灣直到加拿大結束，就算有侵害他人專利的事情，任何國家都不得以違反專利為理由，對飛機或其裝置進行扣押的動作。

（四）貨暢其流

專利權人自己或同意他人所製造販賣的物品，第一次流入市面時，專利權人已行使過專利權，從中獲取過專有利益，此時，若再針對該專利物品主張其專利權，勢必會影響專利物品之流通與利用；換句話說，凡受專利保護的物品，或經專利方法所生產之物，只能主張一次專利權限，隨後，不論國內外之轉售行為，或其輾轉流通的過程，該物品的專利權，均已消耗殆盡。

合理使用

研發行為（非營利）　　　營利行為

先使用權

先使用權

➊賦予先使用者在原事業範圍內繼續利用

➋申請前已在國內使用

➌已完成必須之準備者

➍支付合理權利金

貨暢其流

UNIT **5-7**
專利權效力限制

圖解專利法

藥品不但可舒緩不適症狀，幫助人類遠離病痛折磨，對於公衛的防護，更扮演著舉足輕重的關鍵角色。新藥開發，需經過漫長且繁複的流程，屬高成本、高技術密集及高風險的產業，一旦研發成功，上市後其利潤也相當可觀，基於此，新藥業者極度重視專利權的保護。

（一）試驗免責

眾所皆知，醫藥領域的產業特性，往往在研發製程中，隨時或不斷地發現某藥品的新療效，或有新的使用方法；假使每回在試驗新療效或新方法之前，須依法律規定提出其研究或試驗之申請，將大大拖延研發工作的時效性，扼殺醫藥產業投入的意願，嚴重的話，甚至有可能會阻礙醫藥界的產業發展。

不論考量研發的必要，或站在消費者權益的立場上，或降低國家健康與衛生支出而言，允許學名藥廠，在藥品專利屆滿前，即可進行生物相關性試驗及申請上市許可，不視為侵害他人的專利，此規定又稱試驗免責制度。舉例來說，其他藥商得不管專利存續期間，即可進入臨床試驗階段，待專利藥品屆滿時，將學名藥品隨即上市，讓我國公共健康及全民醫療福祉，不至於產生時間上的斷軌現象。

（二）新藥 vs. 學名藥之爭

專利藥與學名藥在利益上是相互對立的，故，藥事法與專利法規定，專利藥在核發新藥許可證時，須檢附專利字號或案號；學名藥在申請許可證時，應就新藥專利權發出迴避專利聲明。

當學名藥主張「新藥專利權撤銷」或「學名藥未侵害新藥專利權」相關聲明時，已侵害新藥專利權人的權利，此時，專利權人得提出請求除去或防止侵害，也得於學名藥藥品許可證審查程序中提起侵權訴訟。反之，為即早釐清專利權是否涉及侵權，學名藥廠在申請藥證時，也可自行提起確認訴訟，率先排除未來的專利權之爭。

（三）生命至上

病人的健康應是最優先的考量，這是每位醫生進入職場前所宣誓的承諾。人類疾病的診斷、治療行為的實施，若需臨機應變或採取必要措施時，該醫生依專業判斷所採取的任何行徑，都不應該列入是否侵犯他人專利的討論；換句話說，針對人類生命或健康所需的療程，醫師所調配的處方，或依處方所調劑的醫藥品，都不受專利法所限制。

舉例來說，混合二種以上的醫藥品，因調和而製造出新療效的藥物，或使用混合方法有專利保護時，原則上任何人都不得侵犯該專利；除非是醫生基於處方箋所調劑的情形，攸關病患是否能恢復健康，屬免責範圍內，否則，不論在何種情境下所做的行為，都會有侵犯他人物品專利權或方法專利權的疑慮。

小博士解說

學名藥

學名藥，俗稱專利過期藥，它與新藥具有同成分、同劑型、同劑量、同療效之製劑；簡言之，指與專利藥物之化學組成相同，但只能在專利保護期過後，才能推出上市之藥物。一般而言，學名藥的生產廠商眾多，價格競爭激烈，利潤較低，故學名藥扮演著降低藥價，促使藥品普遍化的關鍵角色。

藥品專利權

申請美國學名藥簡易上市（ANDA）的四種類型

第一類	無專利申請資訊

FDA
立即核准

學名藥商進入權
一或多個學名藥進入市場
❶低風險
❷中低利潤

第二類	專利已到期

第三類	專利將於未來到期

FDA可能核准
專利到期日生效

第四類	專利未到期學名藥商宣稱專利無效或本身未侵犯專利權

FDA可能於
專利到期日前
即核准

學名藥商進入權依據法院
對於學名藥申請者的判決
❶高風險、較高成本
❷較高的潛在利潤（180
天獨家銷售權）

排外情況

試驗免責

生命至上

國際藥廠輝瑞vs.本土藥廠南光

輝瑞公司（Pfizer）的威而鋼（Viagra）主成分專利於 2011 年 6 月 17 日到期（台灣第 8010409 號）；南光製藥在 2011 年 4 月取得 Viagra 學名藥證，並於隔年 2 月推出同成分的學名藥——美好挺 (OKpower)

輝瑞說法	南光說法
Viagra 主成分的專利雖已到期，但 Pfizer 對 Viagra 仍擁有「用於治療或預防男性勃起不能或女性性慾官能不良之藥學組成物」的適應症專利，期限至 2016 年為止，並對此主張，發出警告函給全國醫療院所與藥局	美好挺是衛生署可核發藥證可以合法上市的藥品，並提出藥證字號：衛署製藥字第 055972 號作為佐證，該藥品具有與原廠的相等療效與安全性，並兼具方便攜帶和使用的特性，及經濟實惠的價格。Pfizer 宣稱對 Viagra 仍擁有的適應症專利，但該適應症專利欠缺有效性，歐盟已有撤銷該適應症專利的前案，歐洲也有 4 個國家已核准學名藥上市，對此，已依法提起專利無效舉發

UNIT **5-8**
專利權之授予

專利權實施，依權利歸屬可區分，專利權人自行持有實施，或將專利權讓與第三人方式；依權利範圍也可區分，全部授權移轉，或僅部分轉移；不論採行何種方式與策略，皆為達成專利商品化的目標。

（一）讓與方式

專利權會因買賣、贈與或互易等方式，權利會全部或部分移轉予他人，即原權利人喪失，由受讓人取得專利權人的地位。舉例來說，當雙方當事人達成共識時，已發生權利買賣或賣斷的效力，為避免日後爭議，宜應訂定書面契約，並至智慧局辦理，移轉登記及換發專利證書；如果沒有登記，就不能對第三人主張，有該專利權移轉的事情存在。

（二）授權方式

授權乃是最普通也最常見的一種利用方式。專利權人在特定情況下，准許被授權人支付相對價金後，得以在授權範圍內，合法利用或實施該專利權；授權的優點在於，專利權人本身不用負擔太多成本，運用被授權人的經濟資源或經營手法，將專利產品商品化，此一過程彼此互惠，專利權人依舊能維持應有的利潤，何樂而不為，因此，除自製生產外，授權也是個很好的選擇。需特別留意，登記對抗主義，也就是不論專屬或非專屬，甚至運用到再授權方式，都需向智慧局辦理登記，否則不得對抗第三人。

專屬授權，專利權人在一定時間與地域內，將實施專利的權利只賦予一人（公司），一旦採行此種方式，專利權人就不得再授權第三人，也不得自行實施該專利權。舉例來說，阿笠博士可

依地區劃分，將台灣區的專屬權簽給 A 公司，美國區的專屬權簽給 B 公司；若以時間為區隔，對 A 公司的專屬權簽約三年，待期滿時，再考慮是否延續或換家。

另一授權型態，專利權人可隨時在同一時間或地區內，對同一專利授權第三人及自行實施，稱之為非專屬授權；台灣的產業界，非專屬授權是最為常見的方式，如國內資訊業者與國外專利權人所簽訂之授權合約，幾乎都是屬於非專屬授權。另一問題，可否以再授權方式，讓其他人實施該專利？一般而言，非原來授權契約的當事人，不受契約的拘束；不過，原則上授權契約都會明文禁止轉授權，或是要求須先經過專利權人書面同意才行。

（三）設定質權

為使債權得以擔保，將專利權當作標的予以設定，將來債權人就該專利權有優先受償權利；簡言之，專利權人為債務人，為債務而做的抵押動作。同一專利權可設定幾個質權？原則上無限制，專利權人可為擔保數個債權，同時設定數個質權，只要依序登記即可；同理所推，債務消滅時，也可申辦塗銷質權登記。

（四）信託方式

專利權信託是指，專利權人移轉專利權於受託人，由受託人管理該專利權；專利權信託必須向智慧局辦理登記，才能對抗第三人，稱之為專利權信託登記。方式如下，原專利權人或受託人，備具申請書及專利證書、規費，並檢附相關證明文件，向智慧局申辦即可。

讓與

買賣　　　贈與　　　互易

授權

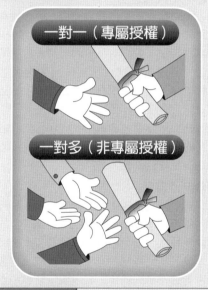

一對一（專屬授權）

一對多（非專屬授權）

質權

抵押

$1000

貸款

信託

委託者　受託者

專利權

智慧局

登記好了

107

UNIT 5-9
共有之約定

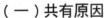
圖解專利法

當發明專利是共有的狀況時，與其他有體物的使用，會有點不相同。首先，它具備共享性，專利權共有人均可實施該專利，不會因有人使用而減損功效，更對專利權的完整性沒有任何影響；再者，它具備獨立性，視投下的資本與技術不同，產生的結果也會南轅北轍，有時對個別的共有者而言，專利權的經濟價值會隨他人實施的結果而發生增減變動。為顧及對專利權共有人彼此間的信賴、免於合作關係受到影響，專利權共有之約定，相較於專利權單獨存在者，有較多的限制。

（一）共有原因

沒有聘雇、沒有出資委託時，專利權的歸屬，非常清楚是發明人的；倘若在發明過程中，有實際參與技術研發、或資金提供、或職務上的委任關係、或契約自行約定，甚至是因繼承、買賣等繼受取得時，都極有可能會發生專利權共有的情形。最常見的例子不外乎是雙方當事人（或多方）共同參與、合作，從事特定技術或產品之開發研究，成功後，即產生專利權共有的情況。

（二）明定契約

共有人類似於合夥人間的關係，彼此情誼還在時，專利權的行使將無問題；感情一旦生變，共有的情況將成為專利權行使之阻礙。為避免未來發生爭執，建議專利權共有者，如果可以的話，先在彼此之間訂定契約，彼此明講合作研發的相關事項，以作為日後狀況發生時，處理紛爭之依據。

❶主要負責人

專利權存續期間內，很有可能發生該專利案件進入再審查程序，如更正案、舉發案或申請延長案等等，依規定須共有人全體同意，倘若當下能事先約定單一負責人，既可快速凝聚內部取得共識，也可成為對外單一窗口，免於各說各話的局面。

❷權利共有之比例

有體物以實際占有為前提，數人共有時，也可依其比例分配之。專利權屬工業財產權，未必有具體的形體，故理論上，不需占有即可享用全部的權利客體；簡言之，可全面性自由實施。話雖如此，有關專利權申請費用及維護費用上的比例分擔，或運用收入與訴訟收益上的分享比例，仍建議以白紙黑字，明定清楚較為妥善。

❸自行實施

專利權人投入研發，當然總是希望專利品可在市場上，為他們賺進經濟上的實質利益。為免於個別專利共有人急於求成，其他專利共有者坐享其成，建議也可透過事先約定方式，明定該專利實施之權限及範圍等事宜。

（三）處分行為之限制

專利權共有的情況下，非經共有人全體同意，不得讓與、信託、授權他人實施、設定質權或拋棄。其主要考量因素有二：一來，為防止各共有人因個人私利行為，對專利權處分時，無顧全大局，進而影響到其他共有人之相關權益；二來，為避免受讓人與其他原共有人，彼此間因理念不合，在許多事情上無法取得共識，形成多頭馬車現象，有損專利權實施之績效。

專利權共有

明定契約

UNIT **5-10** 共有人之讓與

物權規範，在沒有其他法律明確規定下，依民法物權編來處理。共有，基於其公同關係而共有一物者，皆為公同共有人，因所有權人不分比例，故權利行使上，須全體共有人之同意；另一共有觀念，數人對於一物共同享有所有權，而各自擁有其應有部分（一般稱之為持分），也就是說，所有權人得按其自己所擁有的部分比例，共同持有該物的所有權。

按理來說，各共有人得自由處分其應有部分；偏偏專利權在法律性質上，歸屬於「無體財產」的一種；簡單來說，就是與一般動產、不動產，有實體的財產明顯不同，話雖也是獨立權利，也可當成處分標的，但在實務操作上，仍免不了考量其特性，制定較多應遵守的規定。

（一）所有權移轉

發明專利權共有人，非經其他共有人之同意，不得以其應有部分讓與、信託他人或設定質權。主要考量點在於，專利權有物的專利及方法專利二種，其應有部分，有時是以抽象方式，存在於整個專利權中，若任由應有部分之專利所有權人，自行將專利權透過買賣、轉移或抵押方式，交給第三人管理或實施，其最後結果往往可類推為，無意間將整個專利權移轉給第三人。因此，應有部分之個別處分行為，勢必要事先取得其他共有人之同意。

舉例來說，飛哥與小佛擁有隱形飛機的發明專利，是方法發明的專利權，事先已透過契約方式，約定兩人各自擁有一半所有權。飛哥因近日缺錢，想要將應有部分的專利權賣給凱蒂絲；因生產流程的專利方法，一旦轉賣成功，則表示凱蒂絲無意間已取得整個專利技術。為此，專利法明文規定，必須取得小佛的同意，否則即使已經簽訂買賣契約，凱蒂絲仍無法順利取得飛哥所持有的部分專利權；不僅如此，飛哥很有可能在這宗買賣案中，還須負起民法債務不履行的損害賠償責任。

（二）所有權拋棄

專利權人認為該專利已沒存在價值，不想再繼續持有，或不想再從事後續研發工作，甚至很有可能，發明人本身只想圖個好名聲，根本不在乎是否擁有該專利權，這些狀況往往就是專利權被拋棄的原因。專利權之共有人，如拋棄其應有部分，為免於法律關係趨於複雜，最單純的處理方式，就是只要書面聲明放棄即可，也不須經由其他共有人同意；拋棄其應有部分，該如何處理？基於共同人合力完成同一專利，彼此間存在著合夥人般的情感，放棄專利權的部分，理當回歸其他共有人所享有。

舉例來說，飛哥經過多方考慮後，決定不賣，但也不想再繼續持有，此時，隱形飛機之方法專利，全歸小佛所擁有。再另舉一例，柯南、毛利小五郎及阿笠博士，擁有竹蜻蜓飛行器的專利，三人事前約定，依序以二分之一、四分之一、四分之一的比例持有；現阿笠博士放棄應有部分，其分配採行 2：1 的方式（二分之一：四分之一），柯南可分得十二分之二，毛利小五郎可分得十二分之一。總計結果，柯南擁有三分之二的專利權，毛利小五郎擁有三分之一的專利權。

移轉

拋棄

 ★應有部分拋棄時,分配比例如何計算?

舉例來說,柯南、毛利小五郎及阿笠博士,擁有竹蜻蜓飛行器之專利,三人事前約定,依序以二分之一、四分之一、四分之一的比例持有;現阿笠博士放棄應有部分,其分配採行2:1的方式(二分之一:四分之一),柯南可分得十二分之二,毛利小五郎可分得十二分之一。總計結果,柯南擁有三分之二的專利權,毛利小五郎擁有三分之一的專利權。

UNIT **5-11**
專利權之延展

發明人欲取得專利權最終目的，不外乎是為了將專利實施商品化，以獲取實質上的經濟利益；倘若我國與外國發生戰事時，很有可能會受到交通管制，或服役徵召等事宜，導致屬地主義下的專利權，無法在我國領土境內有效實施，甚至也有可能會因戰爭而蒙受損失。為讓發明人的權利可以正常實施，不會受到任何影響，我國參酌各國相關補償措施後，也有相似的救濟管道。

（一）外戰？內戰？

宣戰是一個國家正式通知另一國家，它們之間的和平關係終止，進入戰爭狀態；我國宣戰時，全體人民依國家動員要求，統一調派人力、物力、財力等，已無餘力再保護專利權。故，明文規定，發明專利權人因中華民國與外國發生戰事而蒙受損失者，得申請延展專利權，以一次為限；換句話說，當戰爭來時，申請人擁有一次向智慧局申請延展期間的機會。

若不幸發生的是內戰，是否也有延展的機會？答案是否定的，因為不論規模大小，或損傷如何慘重，都歸屬於國家內政，當局主事政府應有能力和責任處理之，所以明定不能申請延展。另一議題，假設如為交戰國之國民，是否也予以申請延展的權利？答案依舊是否定的，因為兩國屬於敵對狀態，對敵人仁慈就是對自己殘忍，屬於交戰國人之專利權，實在沒有保護的必要，不給予申請延展的機會。

（二）損失範圍

為能補償專利權人此一期間的損失，智慧局可依據專利權人之申請，視當時情況，核准延展專利權存續期間五年到十年；換句話說，延展時效與受損程度成正比，經申請人檢附所受損失的事實資料，一併交由智慧局裁量。一般而言，可列舉損失項目包含哪些？所謂損失並不侷限於實際受損狀況，包括可預期利潤，即所謂的期待權觀念，也可一併納入計算；如專利品銷路減少的損失、資金運用需負擔較高成本的損失，或因戰事導致商業交易被迫取消的損失，甚至包括預期儲蓄的損失、預期機會的喪失等等，只要能夠出示證明文件，都可以附上。

😊 小博士解說

延長 vs. 延展

❶發生原因
延長是因專利案須依其他法律取得許可證；延展則是因我國與外國發生戰事。

❷標的不同
延長限醫藥品、農藥品或其製造方法發明的專利；延展則無限制。

❸期限規定
延長：可延長專利五年；延展：可申請延展五至十年。

❹限制不同
延長期限不得超過中央目的事業主管機關，取得許可證而無法實施發明之期間，且最長不得超過五年；延展標的，如屬交戰國之專利者，不得申請延展。

專利權延展

申請規定	❶以一次為限 ❷交戰國人之專利權不予申請 ❸申請標的：無限制
延展期間	❶五至十年 ❷視情況而定 ❸延展時間與受損程度成正比
損失範圍	❶損失之事實資料 ❷實際受損狀況 ❸可預期利潤

國 vs. 國

內戰

日本　　　中華民國

延長vs.延展

	延長	延展
發生原因	須依其他法律取得許可證	因我國與外國發生戰爭遭受損失
標的不同	醫藥品、農藥品或其製造方法發明專利之實施	無限制
期限規定	五年	五至十年
限制不同	不得超過中央目的事業主管機關，取得許可證而無法實施發明之期間，且最長不得超過五年	如屬交戰國之專利者，不得申請延展

UNIT 5-12
專利說明書或圖式之申請更正

圖解專利法

發明專利一經公告,即與公眾利益密不可分,有鑑於更正過後之專利,生效日可往前追溯自申請日,倘若允許專利權人隨心所欲,恣意變更其說明書或圖式,勢必會造成他人影響,或產生某程度上之困擾;再者,為防有心人士藉此擴大或改變專利範圍,有違制度下之公平與公正性。專利法明文規定,就其專利說明書、申請專利範圍或圖式,有刪除請求項、減縮申請專利範圍、訂正誤記或誤譯內容,或釋明不明瞭之記載等事項時,才可提出更正之申請。

(一)申請資格

申請人應為專利權人,且須在實質內容不變的前提下,才可進行。當專利權為共有時,事關專利權效力的事項,如請求項之刪除及申請專利範圍之減縮,須經過共有人全體同意,才可申請之。

(二)時機限制

專利權人經公告取得專利權後,得申請更正說明書、申請專利範圍或圖式;簡言之,擁有專利權後才可提出。除此之外,其他時間點提出申請者,是否可行?❶審定或處分後,繳費領證之前:因尚未取得專利權,不予受理;❷繳費領證後,公告之前:為避免專利權人反覆申請,將暫緩待公告後再繼續。總而言之,無專利權的存在,就無更正標的,理應不予受理。

(三)範圍限制

更正時,縱使僅對專利權範圍加以說明,也有可能產生前後不一現象;為考量不影響大眾權益之前提下,只准許原申請案因範圍過廣,採取刪除請求項或減縮範圍的申請。舉例來說,發明專利說明書已將該發明界定於某技術特徵上,但申請專利範圍時,並未配合界定,該專利公告後,可採申請專利範圍予以減縮,使專利行使範圍,更確切與說明書一致;又或者,減少與先前技術相同的請求項,刪除一項或多項,一來節省專利金之支付,二來免於解釋申請專利範圍時,因與原來不同,面臨被舉發撤銷之疑慮。

(四)內容限制

僅限更正誤記或誤譯內容,或釋明不明瞭之記載:❶何謂誤記或誤譯事項?該發明所屬技術領域中,具有通常知識者,在看完說明書或圖式內容後,不需仰賴任何文件,即立即察覺有明顯的錯誤,翻譯錯誤,當然也包括在內;也就是說,語法明顯有贅語、遺漏或錯誤,甚至是排版、印刷或打字等,透過申請程序,將說明書記載有誤的地方,校正修改回原來的真正意涵;❷至於不明瞭記載的釋明,即所謂的補充說明,當申請書或圖式的內容,寫得不清不楚或模稜兩可時,容易導致誤解,此時,更應給予申請人再次機會,將整個專利案的內容,徹底地說清楚講明白。

(五)公告結案

一般行政流程如下:首先應具備申請書,向智慧局提出申請更正案,一經受理後,依規定須指派審查人員開始進行審查工作,歷經各項查核過程,直至結果出爐,公告更正案最終決議於專利公報上,書面形式之審定書,要送達申請人手中,才算正式結案;換句話說,沒公告或沒送達審定書者,都不算更正案已結束。

申請更正

申請資格	❶申請人應為專利權人 ❷專利權為共有時，須經過共有人全體同意		
時機限制	❶審定或處分後，繳費領證之前→不予受理 ❷繳費領證後，公告之前→暫緩處理		
更正規定	請求項刪除	不得超出申請時中文本揭露範圍	不得實質擴大或變更申請專利範圍
	減縮範圍之申請		
	誤記之訂正		
	不明瞭記載釋明		
	誤譯之訂正	不得超出申請時外文本揭露範圍	
內容限制	❶誤記或誤譯內容：校正修改回原來的真正意涵 ❷釋明不明瞭之記載：再一次說清楚講明白		
公告結案	具備申請書向智慧局提出→指派審查人員→公告最終決議（專利公報）→書面結果送達申請人手中		

更正申請文件及應記載事項

發明專利之申請文件	應記載事項
❶更正申請書一式 2 份 ❷更正後無劃線之專利說明書、圖式替換頁一式 2 份；更正申請專利範圍者，其全份申請專利範圍一式 2 份；如更正案合併於舉發案審查者，每依附一件舉發案號，應增加檢送一式 2 份 ❸申請刪除請求項及縮減申請專利範圍者，如專利權已授權他人實施或設定質權時，應檢送被授權人或質權人之同意書；如專利權為共有，且更正之申請非由全體共有人提出者，應檢送全體共有人之同意書	❶更正內容，應載明更正前及更正後之內容；其為刪除原內容者，應劃線於刪除之文字上；其為新增內容者，應劃線於新增之文字下方 ❷更正理由，並應載明適用專利法第 67 條第 1 項之款次 ❸更正申請專利範圍者，如刪除部分請求項，不得變更其他請求項之項號 ❹更正圖式者，如刪除部分圖式，不得變更其他圖之圖號 ❺專利權人於舉發案審查期間申請更正者，並應於更正申請書載明舉發案號

知識補充站

舉發案件審查期間，有更正案者，應合併審查及合併審定；實務上，為避免構成專利權被撤銷之理由，舉發事件中之被舉發人，常選擇於舉發答辯時，伴隨著更正案之申請。舉例來說，我國專利制度採多項式，其內容允許一項以上之請求項，因此，當專利權被提起舉發時，可透過申請專利範圍之減縮，用更正專利之內容來規避要件，以求達到免於被撤銷之命運。

舉發案件於審查期間，專利權人提出更正案之申請，應經智慧財產局審查，並認同准予更正時，根據此一新事由，將舉發案件之書面文件（最新版），包括更正說明書、申請專利範圍或圖式之副本等，再次送達舉發人手中；同一舉發案審查期間，有二以上之更正案者，前者視為撤回案件。簡言之，一切以最新資訊處理。

UNIT **5-13**
拋棄專利權及其他請求之限制

權利與責任本是一體兩面，權利可在自由意志下，行使拋棄權，也就是說，專利權人可依自己的意願來決定，是否要積極實施該發明，或是消極放任置之不理；相對而言，那責任呢？專利權中需承受的相關責任，是否也可依自由意志下，自行決定？當然不可，秉持著權利可棄，責任必盡之觀點，拋棄專利權及其他請求，若事關責任之承擔時，專利權人將被有所限制。

（一）處分行為

專利法明文規定，專利權人必須取得被授權人或質權人的同意，才可行使拋棄其專利權。專利權拋棄後，即變成公共財，任何人皆可使用該專利技術；想當然爾，從使用者付費的經濟邏輯，因專利權人的個別行為，將原本屬於自己的權限，轉變成公共財的概念，怎不令相關當事人為之氣憤。為降低當事人間的權益糾紛，准許專利權人依循私有財性質，運用專利權取得資金融通之時，同樣也增設限制，專利權人拋棄專利權時，必須取得重要關係人（被授權人或質權人）的同意。

依此類推，申請專利更正案時，如刪減請求項或限縮專利範圍，也是會影響真正實施專利權的被授權人，或已借出款項給專利權人的質權者，依規定也都必須取得當事人同意，才可為之。

（二）更正申請

專利權為共有時，就「請求項之刪除」及「申請專利範圍之減縮」為更正之申請時，非經共有人全體的同意，不得為之。每一件專利案，從無到有，都要歷經過多多少少的風雨，投入不計其

數的人物力，過程中艱困之處，只有身歷其境的相關人員才能體會；換言之，投入專利研究、擁有革命情感的每一個人，都應共享並共同維護，這份得來不易的成果，絕不准許有人因單獨行為，影響到專利權的完整性。

舉例來說，當發明專利權為共有時，非經全體共有人同意，不得向智慧局提出申請刪除專利權請求項；理由可想而知，因為專利項目的多寡，直接影響到專利權的行使權限；再者，也不得未經全體同意下，獨自向智慧局提出專利權範圍限縮的申請；其考量因素也是在於，會造成專利權各別共有人之困擾。

😊 小博士解說

❶**補正**

對象是專利申請案。在程序審查階段，「補齊」專利申請文件，如中文本、申請權證明書、委任狀等。

❷**修正**

對象是專利申請案。針對未審核之專利申請案，由申請人主動或經智慧局被動通知，對該項專利申請案之內容，如說明書、申請專利範圍或圖式等，進行「修改」動作。

❸**更正**

對象是專利。已核准公告之專利，對其內容之書面資料，限請求項之刪除、申請專利範圍之減縮、不明瞭記載之釋明等事項，有不妥之處進行「更新」。

❹**訂正**

把已修改的專利申請案，或已更新的專利權，誤記或誤譯之內容，回復其原意。

專利權行使

專利權限制

知識補充站

專利權人共有人之一為個人、學校或中小企業,有無減免專利年費之適用?

❶沒有。

❷專利權之共有人全部都要符合個人、學校或中小企業之資格,才有專利年費減免之適用。

UNIT **5-14**
專利權當然消滅之原因

圖解專利法

當然，理應如此；當然消滅，理應如此地消失不見。所謂「專利權當然消滅之原因」是指，一旦有特定事項發生時，即產生專利權自動消失的效果，不需待任何人主張，也不需等智慧局的通知；譬如原專利權人死亡，後繼無人且無人繳費下，依民法規定，該專利財產回歸國庫，專利權當然消滅。

（一）放棄或拋棄

專利權的消滅，取決動機可略分為二，一是專利權期限屆滿，專利權者就算想繼續保有，也不得不被迫放棄；另一，則是專利權者主動拋棄。為何專利會被拋棄？其中原因眾多，譬如專利權人認為該專利沒有價值，不需也不想再額外付費，進行專利權維護；又或者是，該專利技術推陳出新，專利權存續期間尚未屆滿，卻已遭淘汰成為非主流，甚至淪為周邊技術，當然不需再投入資源繼續持有；甚至於，個人發明者所申請的專利，雖然很有價值性，但因申請專利所需費用不斐，實在無力負擔。不論其究，專利人欲拋棄該專利權時，應以書面為之，自表示日起正式失效。

（二）使用者付費

使用者付費是一個相對公平正義的觀念。繳年費是專利權人的義務，付款持有專利，毋庸置疑；反之，萬一專利不再續繳專利年費，將視同放棄專利權，該項專利技術瞬間轉變成公共財，社會大眾皆可使用。為維持專利權之有效性，第二年以後的專利年費，應於屆期前繳納；何謂屆期前？舉例來說，取得專利權之公告日為 2023 年 1 月 1 日，第二年專利權自 2024 年 1 月 1 日起算，

也就是在 2023 年 12 月 31 日前繳納，才行。

倘若因貴人事忙，或有不可歸責於己之事由，逾期未繳，導致心血化為烏有，實為不忍；基於此種非因故意，延誤法定繳費期間，導致發明專利權當然消滅者，得於屆期日後一年內，以三倍的專利年費，申請回復專利權。假設，飛哥與小佛本應在 2024 年 1 月 1 日前，繳納下一年度的專利年費，卻因要事在身忘記繳費，等到想起之時，已過六個月補繳期限（2024 年 6 月 30 日），專利權因逾期未繳，已於 2024 年 1 月 1 日當然消滅；此時，飛哥與小佛主張非故意，並趕快在 2024 年 12 月 31 日前向智慧局提出申請，同時繳交三倍的專利年費，即可透過公告回復專利權。

😀 小博士解說

繳納專利費用的方式有七種：
❶ 現金。
❷ 票據：限即期票據。
❸ 郵政劃撥。
❹ 約定帳號自動扣繳。
❺ 線上繳納年費：e 網通（https://tiponet.tipo.gov.tw）。
❻ 虛擬帳號繳納年費：通知書上的虛擬繳費帳號。
❼ 行動支付繳納年費：台灣 Pay 行動支付 APP。

專利權當然消滅

逾期未繳補救措施

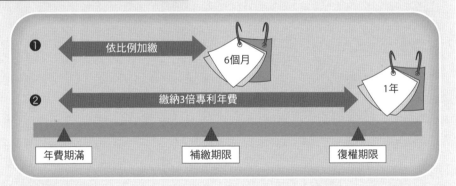

知識★★★
★補充站

❶專利權之消滅，指專利權因法定事由成就，不待任何人主張或專利專責機關處分，即發生權利消滅之效果。專利權消滅效力是向後發生，不影響消滅前之專利權效力。

❷專利權之撤銷，指專利權經舉發成立而被撤銷。專利權經撤銷確定者，該專利權之效力，視為自始不存在。

❸專利權之回復，指專利權人非因故意，未依期限繳納專利年費，致專利權當然消滅時，得依法申請回復專利權。

第5章 專利權

第 **6** 章

專利權之舉發

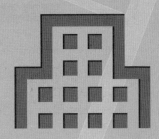

 章節體系架構 ▼

UNIT **6-1**
得舉發發明專利權之原因

　　為避免不當專利擾民之窘境，除主管機關嚴密把守外，還增設專利權「得」舉發之制度；舉發制度是一種對已存在之專利權，或暫准的專利權，請求撤銷的機制。

　　何謂「得」舉發？企業想銷售新產品，始自創意發想直至產品上市，需眾人緊盯每個環節，才能確保產品無慮；然而，審查專利眾多要件中，有時可能會因專利審查人員所學知識，或僅就審查當下所能蒐集到的有限資料，加以衡量後便即決定，就此推估，就算已通過實體審查而准予的專利，也並非通通毫無爭議。據此，為將紛爭降至最低，倘若未來社會大眾有發現違反專利之要件時，可自行選擇是否要依行政程序來舉發，撤銷此「瑕疵專利」。簡言之，專利舉發就是開放公眾透過申請動作，將已核准的專利權消滅，或將錯發的專利權撤銷，試圖將影響層面降至最低，讓專利核准更能臻於正確無誤。

　　我國專利撤銷事由，採正面表列方式；也就是說，有列出來的才算數。專利法所列各項得舉發事由中，分成三大類：

（一）實體審查要件

　　不符發明、新型及設計定義者、法定不予專利之標的、不具備專利實質要件（產業利用性、新穎性及進步性等）、不符說明書、圖式之記載內容或充分揭露要件、違反先申請主義、補充或修正內容逾越原申請案所揭露之範圍……等，皆屬不予專利之必要，任何人得檢附證據，向智慧局提起舉發申請。

（二）平等互惠原則

　　基於水幫魚、魚幫水的道理。國外申請人之所屬國，倘若對我國國民專利申請案，不予受理，其該外國人的專利申請案，就算我國專利專責機關在不經意的情況下，已取得專利權者，也可透過舉發的方式來撤銷。

（三）非合法專利權人

　　未具申請權卻提出申請案者，我國專利法規定，智慧局可撤銷其專利權，並限期追繳證書，無法追回者，應公告註銷。針對非適格申請權人這個項目，因涉及到專利權歸屬，僅限利害關係人（如發明者、繼承人或受讓人），才能依法申請。實務上，最典型的案例，為第三人剽竊申請專利權，真正具有專利申請權的人行使舉發權；或是，舉發人主張為該專利權人之雇用人，俗稱的老闆，專利應屬職務上所完成之創作，也來爭取專利權。

　　舉例來說，柯南、毛利小五郎及阿笠博士，三人共同擁有「竹蜻蜓飛行器」的專利權，假設日後專利權歸屬有發生任何爭議，除柯南、毛利小五郎及阿笠博士外，因繼承關係而擁有此專利權的家人，或因買賣行為所產生的新專利權所有人，甚至是真正的發明人——多啦A夢，這群人都是專利權歸屬之利害關係人，依法，才有權提起舉發。

舉發專利權

公審制度

瑕疵專利

知識補充站 ★法定舉發事由

❶要件

①不符發明定義。

②發明不具產業利用性、不具新穎性、不具進步性。

③發明不具擬制新穎性。

④法定不予專利之項目。

❷申請

①未由專利申請權共有人全體提出申請。

②專利權人所屬國家對我國申請專利不予受理。

③說明書記載未明確且充分揭露技術內容。

④違反先申請原則、禁止重複授予專利權之原則。

⑤發明及新型專利，未依期擇一。

❸審查

①修正，超出申請時文件所揭露的範圍（文件：說明書、申請專利範圍及圖式內容）。

②補正的中文本超出申請時外文本的範圍。

③更正，超出申請時文件所揭露的範圍（文件：說明書、申請專利範圍及圖式內容）。

④分割後申請案超出原申請案的範圍。

UNIT **6-2**
撤銷專利權之舉發程序

圖解專利法

專利舉發是在已取得專利權後，經舉發人（第三人）以書面方式，針對舉發人所認知有欠缺之專利要件，加以說明；舉發申請案一經受理後，凡符合法定程序者，就會開始進入到審查程序階段，此時，智慧局應將舉發申請書副本及所附證據送交專利權人；經審查結果出爐，如有不應給予專利的情形，專利權就會遭到被撤銷的命運，一經公告註銷，專利權之效力，視為自始不存在。

（一）提起舉發

原則上，任何人在專利權存續期間內，如發明專利有二十年，認為有舉發事由時，得備具申請書，載明舉發聲明、理由並檢附證據，向智慧局提起舉發申請；但，針對某些特定事由，只限利害關係人才能提出，如專利申請權的歸屬，或共有專利申請權有所爭議時。

專利權當然消滅後，還能「再」提出舉發案嗎？凡事總有例外，針對專利權的撤銷，有可回復之法律上利益者，則無舉發時間的限制，但仍舊須由利害關係人提出才可。何謂「可回復之法律上利益」？舉例來說，毛利小五郎被控侵害阿笠博士的專利權，雖該項專利因故消滅，但毛利小五郎仍需面對法庭的訴訟程序，此時，我們可以建議毛利小五郎對該項專利提出舉發，並期許智慧局可以做出撤銷的決定。倘若，藉由撤銷專利的這個訴訟策略成功，則該項專利自始不存在，毛利小五郎被控侵權乙事，即有解決之套；簡單來說，撤銷專利權與授予專利權，可以單獨將它拆成二件事來看待。

（二）資料與證據

口說無憑，任何申請均須書面資料備查。應備具申請資料有，申請書一式三份，載明被舉發案案號、專利證書號、被舉發案名稱、舉發人、被舉發人、代理人等資料，並檢附證據一式三份及規費；提起後，舉發聲明不得變更或是追加，但得減縮，主要是為了確定雙方攻擊防禦爭點之集中，以利速審速決。

特別留意事項在於，申請書中應詳加記載「舉發聲明」與「舉發理由」；聲明指的是舉發人請求撤銷專利權之請求項次，可採全部或部分請求項二種方式，審查時僅針對舉發請求項予以查核；理由就是主張的法條及具體的事實，說清楚各具體事實與證據間的關聯。

（三）期限規定

舉發人如因理由、證據準備不及，可先提出申請，同時，在三個月內補送理由及證據，但，若有遲滯審查之疑慮時，不適用。基於平等原則，為讓被舉發的專利權人，也有陳述表達意見之機會，智慧局受理舉發案件後，應將舉發書副本送達專利權人手上，相同給予限期一個月內答辯；逾期者，視同放棄權利，智慧局得就手上之現有資料，直接逕予審查。

舉發程序

4 審定結果若註銷，專利權視為自始不存在

3 舉發副本及證據送交專利權人

2 舉發書符合程序即進入審查

1 書面方式向智慧局提出申請

舉發事件

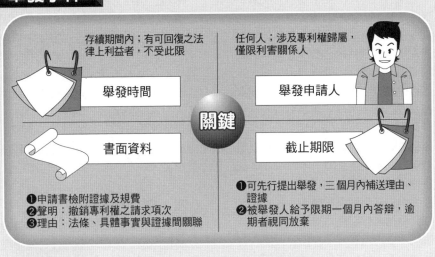

存續期間內；有可回復之法律上利益者，不受此限

舉發時間

任何人；涉及專利權歸屬，僅限利害關係人

舉發申請人

關鍵

書面資料

截止期限

❶申請書檢附證據及規費
❷聲明：撤銷專利權之請求項次
❸理由：法條、具體事實與證據間關聯

❶可先行提出舉發，三個月內補送理由、證據
❷被舉發人給予限期一個月內答辯，逾期者視同放棄

知識補充站

申請人若未於法定或指定期間內為專利法應為之行為，可能產生之法律效果如下：

❶專利權未於舉發申請書副本送達後一個月內答辯，且未明述理由請求展期者，逕予審查。

❷受理舉發申請後，如舉發人所檢附之聲明、理由、證據程序完備者，應將舉發申請書副本及所附證據送交專利權人，限期於副本送達之次日起一個月內答辯。

❸舉發人事後又有補充理由、證據，應一併送交專利權人於指定期間內補充答辯。專利權人屆期未補充答辯者，逕予審查。

❹但於舉發審查時，為避免程序延宕，如事證已臻明確或舉發人有遲滯審查之虞者，對於舉發人所提陳述意見或補充答辯，得不交付專利權人答辯，逕予審查。

❺除發明專利權有訴訟案件繫屬中外，在舉發案件審查期間，專利權人僅得於通知答辯、補充答辯或申復期間申請更正。

UNIT **6-3**
專利專責機關的審查

舉發案之審查,涉及立場對立的舉發人與專利權人,故審查過程中,須特別注意到雙方當事人程序利益的保障及平衡。一般而言,舉發程序啟動後,隨即進入審查階段;舉發程序,指的是舉發提起、答辯及審定,皆以書面為原則;審查階段則是基於調查需求,得進行一切必要之查證行為,也是以書面為原則,並將結果做成報告,送達雙方當事人。

(一)職權審查

舉發案一經提起,為求紛爭一次解決並避免權利不安定或影響公益,智慧局有必要依職權介入,於適當範圍內探知或調查專利有效性,審酌舉發人所未提出的理由或證據,不受舉發人主張之拘束;也就是說,審查人員明顯知道相關證據或理由時,可以不受舉發聲明範圍內審查的限制。

舉例來說,專業審查人員一下子就看出疑點,或合併審查時,不同舉發案間的證據可相互補足說明爭議點,此時,審查人員得適時地視證據內容,審酌是否發動職權進行調查;雖可跳脫舉發人未提出的理由及證據,但仍應侷限在舉發聲明範圍內,也就是僅能針對請求項的疑點進行蒐證;惟需特別注意的是,不管過程如何,都應通知專利權人給予答辯的機會。

(二)配合事項

審查人員得依申請或職權,通知當事人限期至智慧局面詢、實施必要之實驗、補送模型或樣品等,甚至可要求現場或指定地點進行勘驗;簡言之,為查證所需,一切必要的行為,都可要求當事人配合。倘若經智慧局通知後,屆期未處理,審查人員仍應依職權主動調查證據,對當事人有利及不利的事項,一律特別留意。

因舉發案所檢送的樣品或證據正本,經智慧局驗證無誤後,得予發還,但如果需要供查證使用的話,原則上,須待案件判定後才能決定返還時間。當然,為不擾民,有關訴訟案件之審查案,優先處理。

(三)舉證責任

舉證之所在,敗訴之所在。為達充分攻擊與防禦之目的,對於舉發理由與證據的提出,原則上不予以限制,但專利適法性(違不違法),或造成多少損失等,不在探討範圍內。雙方辯論攻防的大原則,在於有幾分證據說幾分話;舉發人對其主張事由,負有舉證責任,應提供能充分支持主張的證據;此時,若證據已能被確認時,舉證責任則轉移至被舉發人身上,即所謂抗辯之理由。

(四)審查結果通知

舉發審定為行政處分,完成舉發審查相關程序後,應作成審定書送達舉發人及專利權人,並於專利公報上公告。換句話說,對於舉發案之審查結果,並非審查人員可依自由心證,任意決定;為避免臆測或率斷,明定應以書面方式,將舉發書、答辯書的全部資料,包括調查證據、當事人主張事由、證據力有無、證明力強弱,以及證據取捨等,本著客觀與經驗法則,判斷事實真偽,將其結果記載於審定書中,送達專利權人及舉發人手中。

智慧局審查流程

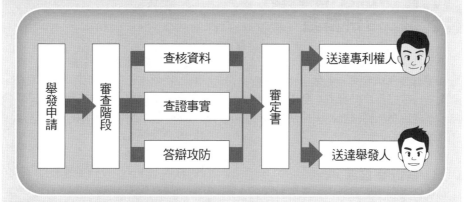

智慧局審查原則

■舉發程序，因舉發人提起而發動。舉發人提起舉發後，專利專責機關本於先程序後實體之原則進行審查；經程序審查，受理舉發申請後，應指定專利審查人員進行實體審查，並作成審定書，送達專利權人及舉發人。

■舉發審查程序，除經舉發人撤回舉發申請外，應以不受理處分書或舉發審定書為終結；當事人如不服處分結果，得依法提起行政救濟。

■對舉發審查的處理

❶通知補提理由或證據；❷補充答辯；❸面詢或為必要之實驗、補送模型或樣品、實施勘驗；❹更正；❺同一專利權之多件舉發案的合併審查；❻審查計畫；❼撤回。

UNIT 6-4
合併審查

舉發案審查期間，最常發生：❶同一專利權有多件舉發案，爭點相同或有相關聯者，得採行合併審查；❷舉發答辯時，為避免專利權被撤銷，通常會選擇伴隨更正案之申請。

（一）合併審查通知

為使審查程序更透明化，避免對當事人造成突襲，合併審查時，應檢附各舉發案之理由及證據，通知專利權人及各相關之舉發人，此案件將由智慧局進行合併審查程序；一來，當事人可確實得知其他相關舉發案的所有資料；二來，專利權人針對被舉發案件，可以一併給予最新的陳述意見。簡單來說，智慧局負有合併審查通知的義務；依此類推，已被通知過的案件，再有合併審查情事發生時，智慧局仍應依前述程序再來一次，檢附最新書面資料，通知相關當事人，並重新計算回覆的合理期間（一個月）。

合併審查通知，屬合併審查程序的事實通知，不涉及舉發實體爭點的變更，對案件的實體審查及當事人的權利義務，不會產生任何影響，不得以不服通知為由，提起行政救濟；簡言之，通知，只是向當事人報告最新處理狀況而已。

（二）合併後之審查

舉發審查期間，專利權人提出更正案之申請，應先審查更正案，以確認舉發案審查標的；經審查並認同准予更正時，根據此一新事由，將舉發案件的書面文件（最新版），包括更正說明書、申請專利範圍或圖式副本等，再次送達舉發人手中；倘若同一件舉發案中有多次提出更正者，為免各更正的內容相互矛盾，前者視為撤回案件。簡言之，一切應依

最新公告的專利權內容來審查。

為加快效率，智慧局認為有必要時，更正案與舉發案，或同一專利多件舉發案，都可合併審查，一次解決所有糾紛。合併審查僅屬程序合併，原則上各舉發案的爭議點仍應分別處理，審查人員不得因合併，就自行將各舉發案的證據相互組合或互相援引；再者，合併審查主要為使程序簡化，經評估後，不能達成上述目的者，不宜合併。

對於舉發證據複雜，或舉發理由不明確，難以釐清案情，甚至為配合法院專利爭訟案件所需，可在舉發人、專利權人及審查人員三方取得共識的基礎下，訂定審查計畫，以利舉發案審查程序的進行。舉例來說，審查計畫一經訂定，整個案件審查就必須按照計畫進行，倘若雙方當事人逾限未答辯，審查人員則可依所訂時程，接續審查的下一個步驟。

（三）合併審定

最終結果所作書面文件，稱之為審定書。基於案件同質性高，且為降低重複審查程序等考量，可將同一專利之多件舉發案合併審查；同理可證，為節省社會成本，並預防裁決結果可能相互牴觸之起見，審查人員針對同一專利舉發案之審查結果，做合併審定的處理。

審定書主文應分別載明更正案與舉發案之審定結果，但不准更正者，僅就審定理由敘明即可；也就是說，雖合併審定多件舉發案，但審定書內容，仍應就各舉發案所聲明之請求項總合，逐項載明審定的結果。再者，應注意的是，合併審定會增加行政救濟複雜度時，建議仍以各別審定最為適宜。

合併審查

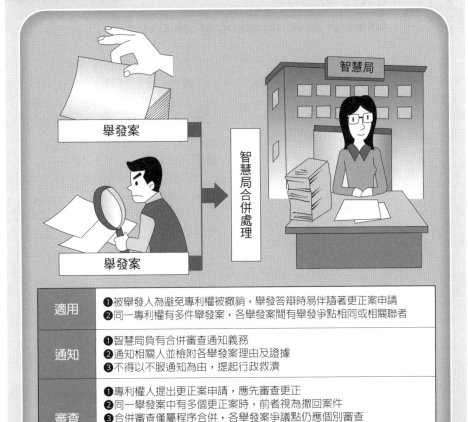

適用	❶被舉發人為避免專利權被撤銷,舉發答辯時易伴隨著更正案申請 ❷同一專利權有多件舉發案,各舉發案間有舉發爭點相同或相關聯者
通知	❶智慧局負有合併審查通知義務 ❷通知相關人並檢附各舉發案理由及證據 ❸不得以不服通知為由,提起行政救濟
審查	❶專利權人提出更正案申請,應先審查更正 ❷同一舉發案中有多個更正案時,前者視為撤回案件 ❸合併審查僅屬程序合併,各舉發案爭議點仍應個別審查 ❹各舉發案證據不得相互組合或互相援引 ❺為求時效,舉發人、專利權人及審查人員有共同訂定審查計畫
審定	❶為預防裁決結果可能相互牴觸,同一專利舉發案,可合併審定之 ❷舉發審定書主文應分別載明更正案與舉發案之審定結果 ❸合併審定會增加行政救濟複雜度時,應各別審定之

★更正案與舉發案之合併審查產生的效果

❶專利權人提出更正案者,無論提出時機點是在舉發案前,還是在舉發案後,不論是單獨提出,又或者是併於舉發答辯時一同提出,為平衡舉發人與專利權人攻擊防禦方法之行使,均將更正案與舉發案合併審查及合併審定,以利紛爭一次解決。

❷舉發前所提出之更正案,將與最早提出之舉發案合併審查,並通知專利權人及舉發人。舉發後提出之更正案,如須依附在多件舉發案中,必須於其更正申請書上,載明所須依附之各舉發案號,且每依附一件舉發案號,都應增加檢送更正申請文件(一式二份),僅須繳交一筆更正規費即可。該等被依附之舉發案,一律必須等到更正案審查後,再依更正結果,接續行使審查該等舉發案件。

UNIT **6-5**
舉發申請之撤回及舉發之限制

圖解專利法

當專利發生侵權糾紛時，雙方當事人處理專利議題，常用之技倆或方法，即舉發制度，想藉由舉發申請程序，請求撤銷專利權，規避司法審判；又或者是，單純為節省權利金支出，利用撤銷專利為手段，以達降低成本之效。故，本質是私有財產權的專利，因實務上某些原因，導致常常會面臨到被舉發撤銷之命運；但是，當目的已達成，撤銷程序尚未走完時，往往有極高的可能性被中途喊停。舉發制度的好壞，完全取決於使用者的心態，為避免太過浮濫利用，接下來，我們針對撤回與限制相關規定，做簡要介紹。

（一）何謂撤回？

舉發人「得」於審定前，依自由意志自行決定是否隨時撤回舉發案之申請；但若舉發案已進入專利權人答辯程序時，為尊重並保障專利權人權益，撤回時應先經過專利權人同意才是。同時，為避免撤回處理程序有所延宕，智慧局會主動將撤回事實通知專利權人，通知送達後十日內，未表示反對者，視為同意撤回。

（二）舉發之限制

符合下述規定，不可「再」提舉發之申請：

❶一事不再理

舉發案經審查後不予成立，任何人不得就同一事實及同一證據，再行舉發，即一事不再理之效力。主要目的，在於避免舉發人、利害關係人或其他第三人，不斷利用舉發制度，企圖妨礙專利權人行使其權利，此舉將令人所垢病之專利舉發案件，獲得適度的解決之道。

何謂「同一證據」？指附上的證據實質

內容相同。舉例來說，前舉發案附上的是早期專利公報（暫稱舊證據），後舉發案附上的是核准公告公報（暫稱新證據）；雖然形式不一樣，但兩者所揭露的實質內容相同，就認定是屬同一證據。

❷無理由者

智慧財產法院於審理案件時，得先命專利專責機關（即智慧局），就當事人在行政訴訟言詞辯論終結前，所提出之新證據，據以認定及表明該證據是否有用，倘若經審理判定為——無理由者，則不可再提舉發之申請。換言之，倘若當事人有意延滯整體訴訟進程，在舉發或訴願過程中，均未提出新證據，就在官司快終結之前才補提，則該證據需先經智慧局判斷，無法構成確切之理由，或無從證明之裁判者，依規定可拒絕再提舉發之申請；主要目的在防止有心人士操弄法規、暫緩審判的流程，企圖拖延訴訟程序。

小博士解說

實體法以規定主體之權利義務關係，或職權和職責關係等為主要內容的法律，如民法、刑法、行政法等；程序法則是以保證主體之權利義務，或職權和職責關係得以實現，所需程序或手續為主要內容的法律，如民事訴訟法、刑事訴訟法、行政訴訟法等。

總觀專利法整部法條中，不難發現，它既擁有實體又兼顧程序，屬於兩者併存的一部法律；舉例來說，針對程序性的缺失，我們所使用之專有名詞為撤回；駁回是指針對實體方面的不足。由此可知，舉發申請之撤回及舉發之限制，所談論之主軸圍繞著——申請程序中所發生之現象。

舉發申請撤回

要撤回

智慧局人員

撤回注意事項	❶舉發人得於審定前撤回舉發申請
	❷若已進行答辯，應先經專利權人同意
	❸通知送達十日後，專利權人未反對，視為同意撤回
	❹任何人不得以同一事實及同一證據，再提舉發
	❺新證據經審理認為無理由者，不可再提舉發

★撤回舉發相關規定

■舉發案經專利權人答辯後，舉發人才主張撤回者，為保障專利權人程序利益，應經專利權人同意；但因未損及專利權人之利益，為利於程序之進行，原則上無須通知專利權人表示意見，但應於審定書中敘明前述事實。

■舉發人減縮舉發聲明
　❶專利權人尚未就原舉發聲明提出答辯，為避免當事人不必要之攻防，須通知專利權人減縮舉發聲明之事實。
　❷舉發人減縮舉發聲明至未請求撤銷任何請求項，視為撤回舉發申請，應經專利權人同意。

■撤回舉發後，同一舉發得否再提舉發，由於任何人均可提起舉發，仍可由第三人再行提起，因此未限制原撤回舉發之人不得再提出舉發。

■明定專利權人於收受撤回通知後，一定期間內不為反對之表示時，視為同意撤回。

★一事不再理適用

任何人曾就同一專利權提起舉發，經審定舉發不成立者，就同一事實同一證據有一事不再理之效果，不得再為舉發。

❶同一專利權係指同一請求項之專利權而言。

❷同一證據指證據實質內容相同，而不論其形式是否相同。

❸同一事實指待證事實之實質內容相同，如主張違反新穎性、進步性等。

舉例來說：前舉發案以證據A主張該專利不具新穎性，經審定舉發不成立後，於是在行政訴訟階段，另提出新證據B，經智慧財產及商業法院審理，判決該新證據B仍不足以撤銷該專利權。此後，凡針對該專利權之後舉發案，想要以證據B、C分別主張不具新穎性時，證據B就會以一事不再理之適用，不可以再當成舉發該專利案之證據了。

UNIT *6-6*
發明專利權撤銷之確定

圖解專利法

專利權乃發明人花費一定努力程度，嘔心瀝血所創造出來的成果，必須經智慧局漫長審查，費盡心力才可獲得；有時，往往因為一個閃失，好不容易申請得來的專利權，卻面臨被撤銷的命運，譬如專利要件認定上有所差異、專利範圍申請有所誤判，甚至小至申請書內容填寫有所錯誤等。為充分保障專利權人的權利，面臨專利權遭撤銷時，可主張的權利有：

（一）部分請求項

專利申請人得就部分請求項提出申請；舉發人得就部分請求項提起舉發；審查專利時，得就部分請求項進行審查；撤銷專利時，得就該舉發成立確定的請求項撤銷。以竹蜻蜓為例，它的螺旋槳、引擎、操控面板，甚至頭頂黏著劑等，每一項新發明都可個別提出專利申請；被舉發時，可將每一專利視為單獨的舉發案件，或將竹蜻蜓總體結構視為申請舉發個案；審查過程及審定結果，依舉發內容而決定。換句話來說，未被分別撤銷或分別被宣告無效之專利，仍認定擁有專利權的保護。

（二）權利救濟

行政救濟就是指人民針對行政機關，所做的行政處分，進行抗辯或反對之意。換句話說，智慧局就專利案件所作成的行政處分，如舉發案一旦成立，隨即面臨撤銷專利的命運，為捍衛自身權利，得依法提起三步驟；想當然爾，未依法提起行政救濟者，就認定是自動放棄權益，撤銷確定；若已提出申請，仍維持原處分者，該撤銷行為仍屬確定。

❶訴願之先行程序：不服行政機關之行政處分，必須先經過某一關卡，之後才能依法提出訴願，否則貿然訴願，會遭到行政機關駁回的處分；那個關卡就是在專利案件中，稱為「再審查程序」；簡言之，專利法有明文規定，須強制先由智慧局再審查。主要目的在於，智慧局職掌該專利業務，針對涉及技術與專利法規之相關問題，理當較法院來得深入，申請案件再查核過程中，尋找人為疏失或錯誤的判定，相對較有優勢，也意味著再給審查人員一次重新思慮的機會。

❷訴願：已過再審查階段，人民仍認為智慧局所做的行政處分，有違法之虞或不適當之時，而導致權利或利益平白遭受損失，這時，依法可請求該上級機關（如經濟部訴願委員會），審查該行政處分是否擁有合法與正當性，此過程在法制上稱之為訴願。訴願之目的，主要是希望藉由專利主管機關與專利專責機關間相互制衡，以達行政體系內自我控制。

❸訴訟：仍然不服訴願結果，接下來才可透過法院系統，提起後續的救濟程序，稱之為行政訴訟。

（三）審定結果

一連串繁瑣且謹慎的審查，待結果確定後，若舉發不成立，則表示智慧局再次肯定該項專利存在的價值。反之，舉發成立，依專利權行使年限，分為：❶撤銷專利，效力視為自始不存在；❷原核准延長之專利權期間，視為自始不存在；❸原核准延長其超過之期間，視為未延長。

同時，智慧局應限期追繳回專利證書，以防止有心人利用此證書，趁機謀利矇騙他人；只不過，當專利權已被撤銷，要求專利權人繳回專利證書，實際上頗為困難，故變通之道，改以公告註銷方式。

面臨撤銷時，可主張

部分請求項

部分請求項

❶專利申請人得就部分請求項提出申請

❷舉發人得就部分請求項提起舉發

❸審查專利時，得就該部分請求項進行審查

❹撤銷專利時，就該舉發成立確定之請求項撤銷其專利權

行政訴訟

經濟部	核駁	高等行政法院	核駁	最高行政法院
訴願		行政訴訟第一審		行政訴訟上訴審
	2個月		20日	

效力判定

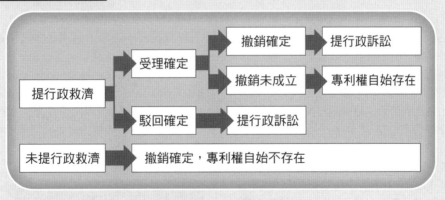

提行政救濟 → 受理確定 → 撤銷確定 → 提行政訴訟

受理確定 → 撤銷未成立 → 專利權自始存在

提行政救濟 → 駁回確定 → 提行政訴訟

未提行政救濟 → 撤銷確定，專利權自始不存在

知識補充站 ★專利舉發制度的未來方向

現行制度救濟程序冗長，經歷舉發程序、訴願程序、智慧財產及商業法院一審及最高行政法院二審等四個審級，相較美、日等國專利無效程序僅需經歷三個審級，因此，智慧局正推動修改：❶專利舉發案件簡併訴願程序；❷後續訴訟程序改採兩造對審制，為解決現行專利舉發及其救濟制度所產生的問題並希冀能與國際接軌。

UNIT 6-7
專利權簿應記載之事項

圖解專利法

智慧財產權之取得依登錄方式，可分為二種：實際創作主義，作品完成當下即取得著作權之保障，屬非登錄制；而登錄制最典型的代表，就屬專利權，必須設置一個專責的行政機關，主要負責登錄之相關業務，該單位即為經濟部智慧局。

（一）記載事項

口說無憑立據為證。發明人透過申請程序，政府給予權限，以利保護專利，但專利權有如林中樹木交錯，一旦自己嘔心瀝血之作，與他人發生爭議或糾紛時，為免於各說各話，且更公平合理處理此問題，專利法規定，一切以書面記載事項為準；換言之，就是以專利權簿上之記載，才算數。

依法有據可查，把每件事情都寫下來，講得簡單，要貫徹這規定，該注意之細節可不少，專利權簿應記載之事項有：❶發明、新型或設計名稱；❷專利權期限；❸專利權人姓名或名稱、國籍、住居所或營業所；❹委任代理人者，其姓名及事務所；❺申請日及申請案號；❻主張本法第 28 條第 1 項優先權之各第一次申請專利之國家或世界貿易組織會員、申請案號及申請日；❼主張本法第 30 條第 1 項優先權之各申請案號及申請日；❽公告日及專利證書號數；❾受讓人、繼承人之姓名或名稱及專利權讓與或繼承登記之年、月、日；❿委託人、受託人之姓名或名稱及信託、塗銷或歸屬登記之年、月、日；⓫被授權人之姓名或名稱及授權登記之年、月、日；⓬質權人姓名或名稱及質權設定、變更或塗銷登記之年、月、日；⓭強制授權之被授權人姓名或名稱、國籍、住居所或營業所及核准或廢止之年、月、日；⓮補發證書之事由及年、月、日；⓯延長或延展專利權期限及核准之年、月、日；⓰專利權消滅或撤銷之事由及其年、月、日；如發明或新型專利權之部分請求項經刪除或撤銷者，並應載明該部分請求項項號；⓱寄存機構名稱、寄存日期及號碼；⓲其他有關專利之權利及法令所定之一切事項。

（二）資訊公開

公開研發技術，讓社會大眾瞭解該關鍵要素後，可避免重複投入研究，浪費金錢與物力，此為專利法之主要目的；也就是說，凡經審定准予專利權者，必須公告於專利公報上，且任何人都可以到智慧局，以閱覽、抄錄、攝影或影印等方式，取得該專利權的詳細資料。

隨著世代交替與電子化時代潮流，加上知識經濟的爆增，為滿足民眾對政府資料的需求，智慧局建置一個 e 化的資料庫系統（http://www.tipo.gov.tw/ch/index.aspx），方便社會大眾分享知識、傳遞訊息；換言之，電子化系統，儼然已成為當前政府機關與民眾間溝通的橋梁。

小博士解說

電子專利權簿

專利電子申請文件，與書面申請文件有同一效力；專利權簿，得以電子方式為之，並供人民閱覽、抄錄、攝影或影印。

專利權簿應記載事項

專利權簿應記載事項

❶ 發明、新型或設計名稱
❷ 專利權期限
❸ 專利權人姓名或名稱、國籍、住居所或營業所
❹ 委任代理人者，其姓名及事務所
❺ 申請日及申請案號
❻ 主張本法第 28 條第 1 項優先權之各第一次申請專利之國家或世界貿易組織會員、申請案號及申請日
❼ 主張本法第 30 條第 1 項優先權之各申請案號及申請日
❽ 公告日及專利證書號數。
❾ 受讓人、繼承人之姓名或名稱及專利權讓與或繼承登記之年、月、日
❿ 委託人、受託人之姓名或名稱及信託、塗銷或歸屬登記之年、月、日
⓫ 被授權人之姓名或名稱及授權登記之年、月、日
⓬ 質權人姓名或名稱及質權設定、變更或塗銷登記之年、月、日
⓭ 強制授權之被授權人姓名或名稱、國籍、住居所或營業所及核准或廢止之年、月、日
⓮ 補發證書之事由及年、月、日
⓯ 延長或延展專利權期限及核准之年、月、日
⓰ 專利權消滅或撤銷之事由及其年、月、日；如發明或新型專利權之部分請求項經刪除或撤銷者，並應載明該部分請求項項號
⓱ 寄存機構名稱、寄存日期及號碼
⓲ 其他有關專利之權利及法令所定之一切事項

專利電子申請實施

專利電子申請實施

使用人為專利電子申請前，應先完成下列程序
❶ 取得專利專責機關指定之憑證機構所發給之電子憑證
❷ 於專利專責機關所規定之網頁，確認同意電子申請約定，並登錄相關資料

電子傳達之專利電子申請文件應符合下列要件
❶ 檔案格式、檔案位元組大小、電子封包格式、傳送方式及使用之電子申請軟體，應符合專利專責機關之規定
❷ 備具有效之數位簽章

使用人向專利專責機關電子傳達之送達時間，以專利專責機關之資訊系統收受之時間為準

專利專責機關收受專利電子申請文件後，應保存收受之原始版本，以供查驗

專利專責機關對所收受專利電子申請文件原始版本及其複製本之儲存與管理，應確保真實、完整及機密

適用於發明專利、新型專利與設計專利之申請案及其他相關申請案

UNIT **6-8**
專利專責機關的公告

圖解專利法

為落實民眾知的權利，建立一套完善的政府資訊公開機制，乃是民主國家必然的趨勢。專利權的核准、變更、延長、延展、讓與、信託、授權、強制授權、撤銷、消滅、設定質權、舉發審定及其他應公告事項，本著資訊共享及施政公開的理念，明定應於專利公報公告之，以便民眾隨時取用或公平利用，善用政府因職權統整過後，相關專利議題的所有資訊。

不可不知的便民措施：專利權可延緩公告。專利之公開或公告，可使社會大眾知悉專利之技術內容，避免重複研究、投資；但是，專利創作易遭模仿抄襲，一旦侵權產品搶先上市，專利產品反而可能喪失商機。為此，專利申請人有延緩公告專利之必要者，應於繳納證書費及第一年專利年費時，向專利專責機關申請延緩公告，最長期限不得超過六個月。

（一）光碟或網路公告

中華民國專利公報為政府所提供之免費資源。2013 年 1 月 1 日停止發行紙本專利公報及發明公開公報，改以電子式（光碟版）及網路化（網路公報）服務型態；因此，專利公告及其公開資訊（含摘要）等光碟，若有需要者，可至智慧局下載申請表，填妥相關資料後，即可索取。

專利公報以中文方式，收錄所有在中華民國申請核准之專利，每一期公報包含發明、新型、設計（修法前稱新式樣式）三部分，其內容包括：專利公告號、專利公告日期、國際專利分類號、專利申請案號、專利申請日期、公告卷數與期數、專利權類別、專利權證書號、專利名稱、專利代理人、發明人／創作人及其地址、申請人及其地址、申請專利範圍等。

（二）電子資料庫

資料庫是所有紀錄之集合。經濟部智慧局為提升專利審查品質及便民服務水準，於 2005 年 1 月 1 日建置「中華民國專利公報檢索系統」，並正式對外提供服務。在檢索系統尚未成立之前，僅能單就紙本提供查詢服務；目前專利資料庫已成為產業界不可或缺的重要資訊來源，甚至有許多公司或財團法人，利用此一資料庫，建構與該產業有關之「專利地圖」，以便作為將來研發，或規避專利侵權之研究基礎。

早期，為健全其資料庫內容，以人工作業方式，將先前紙本的專利資訊，完整掃描進資料庫中，遠自 1950 年當時所有公報影像，包括雜項、異動資料等，雖將所有文件一網打盡，但其工程浩大，困難之處可想一般。所幸，隨資訊科技不斷創新，智慧局自 2001 年 6 月起，開始發行電子公報，數位化的結果，增添檢索系統裡各項專利資訊之完備性，如專利相關書目、申請專利範圍之資料，包含異議、舉發、專利權消滅、讓與、變更等，均免費提供使用者上網檢索，立即性取得最新、最完整之專利權資料。

公告事項

專利權核准、變更、延長、延展、讓與、信託、授權、強制授權、撤銷、消滅、設定質權、舉發審定及其他應公告事項……

政府資訊公開機制

 **★專利相關網站**

❶世界智慧財產權組織（WIPO）	❻中小企業 IP 專區
❷經濟部智慧財產局專利主題網	❼全球專利檢索系統
❸中華民國專利資訊檢索系統資料	❽歐洲專利局
❹本國專利技術名詞中英對照詞庫資料	❾美國專利商標局（USPTO）
❺生物資源保存及研究中心	❿日本特許廳持續就專利商標查詢平台（J-PlatPat）

第 **7** 章
強制授權、納費與損害賠償

●●●●●●●●●●●●●●●●●●●●●●●●●●●●●●● 章節體系架構 ▼

UNIT **7-1**
強制授權之原因

專利權是指發明者將該發明，向智慧局申請，經審查核准後所取得的權利；既是「權利」，是否授權他人實施，本應屬專利權人的自由，不應加以限制。然而，專利制度的本質以公益為目的，促進產業發展與科技進步為目標；故專利法明文規定下，為因應國家緊急危難或其他重大事故，智慧局得依政府公權力或依申請授權方式，強制專利權人允許他人實施其專利權，以達社會公益與個人私益間的平衡，即謂強制授權。

（一）依政府公權力

國家遭遇緊急危難之際，最需要的是什麼？無疑是全民團結一致，同舟共濟、共赴國難的憂患意識。憲法規定，總統為避免國家或人民遭遇緊急危難，或應付財政經濟上重大變故，得經行政院會議決議發布緊急命令；當下，基於國家利益為優先，得不經專利權人同意，強制將該項專利授予第三人實施，如遭遇戰爭、天然災害等。

（二）依申請授權方式

❶增進公益之非營利實施

基於公共利益目的，且非以營利使用者，如公共衛生、國民健康等，當有必要實施該專利時，可透過此管道申請。公益的界定，不單單只考慮到「量」的問題，除了對不特定多數人本身利益外，透過民主程序決定的少數人利益，也可歸類於公益，舉例來說，為增進視障者的健康為由，就可向智慧局申請該專利的強制授權。

❷再發明專利得申請強制授權

在既有技術上進行研發，本是產業升級必經的過程，倘若實施「再發明」

專利時，原專利權人不論緣由、不管任何條件，均予以拒絕授權，難免似乎有濫用權利之虞，企圖阻礙產業發展的嫌疑。因此，凡再發明之專利具有重要技術改良者，可依規定向智慧局申請，將原專利技術予以強制授權。

需特別留意的是，申請人曾以合理的商業條件，在相當期間內，仍不能協議授權者為限；再者，依規定申請強制授權者，專利權人得提出合理條件，請求申請人就其專利權強制授權之，稱之為強制交互授權，也就是彼此間都有機會能擁有對方的專利權。

❸強制授權作為救濟反競爭

專利權人有限制競爭或不公平競爭之情事，經法院判決或公平交易委員會處分確定者，可不經專利權人的同意而實施該專利；主要原因在於，當專利權影響市場公平競爭機制，甚至成為產業發展的阻力時，已違背當初設立專利制度的美意。舉例來說，為促進半導體產業或科技的發展，政府可利用強制授權方式，強制廠商授權半導體之專利技術。

🔵 小博士解說

「再」發明之專利以「原」發明專利為基礎，其技術必定較先前更具顯著之進步性，也就是說，新技術更高階、新發明再進化的意思；向智慧局申請強制授權後，再發明勢必對原發明專利構成侵害，占據原發明專利之產品市場。此時，建議可由互惠授權或交互授權方式，從原發明之專利權人取得授權的同時，也將專利權授予原發明人去實施，新舊專利間可兩全其美，共創互利雙贏的局面。

強制授權

事由

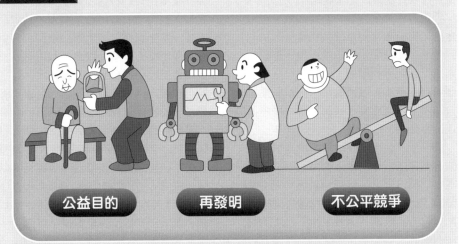

公益目的　　再發明　　不公平競爭

 ★再發明專利得申請強制授權

■依據與貿易有關之智慧財產權協定（TRIPS）第31條第（l）款規定，申請在後之專利權
　得請求強制授權在前之專利權者，須符合三要件：❶在後之專利於實施時將不可避免侵
　害在其之前申請之專利權；❷在後之專利較在其前申請之專利具相當經濟意義之重要技
　術改良；❸在前之專利人不同意授權予在後之專利權人。

■與貿易有關之智慧財產權協定（TRIPS）第31條第（k）款規定，以強制授權作為救濟反
　競爭之情況，僅須經司法或行政程序認定具反競爭性即為已足，並無須該程序確定之規
　定；且依我國法制，若須待法院判決確定或公平交易委員會（以下簡稱公平會）處分確
　定，可能須耗費相當時日，屆時恐已無需以強制授權救濟之必要。但對於經司法或行政
　程序認定具反競爭性之行為，依據第2項本文之規定，仍須經認定有強制授權之必要
　時，始得准其強制授權之申請。

UNIT 7-2
強制授權之方式與限制

強制授權雖立意良善，但往往在實際執行面上，易牽涉龐大的利益糾葛，如補償金計算等；為避免濫用，導致弄巧成拙，設置此機制的同時，也嚴格規定授權方式與限制。

（一）授權申請

具備申請書，並檢附詳細的強制授權計畫書、申請特許理由、範圍、期間及應支付的合理補償金，或其他相關證明文件，交付智慧局申請辦理。

因對專利權人的權利影響甚鉅，豈可聽信單方偏頗言詞；故較周全且合情理的做法，智慧局受理申請書後，得視個案情況通知專利權人，一併給予所有書面資料的副本，限期答辯，倘若屆期未答辯者，視同放棄，此時，智慧局才得逕行審查。

例外，一般來說會給專利權人三個月的答辯期限，專利權人如果逾期，但趕在審定前答辯者，智慧局仍應受理；主要為了促使雙方能有再次協議授權的機會；再者，限期三個月，也不是所謂的法定期間。

（二）實施範圍

強制授權是對專利權人行使的權利予以限制，其性質為「非」排他性之實施權，理所當然，不會妨礙專利權人原本實施專利的範圍與權限，只是特別通融，准許其他人一併實施該專利權而已；然，強制授權專利之範圍為何？理應不宜漫無止境，考量專利權行使，各國採行屬地主義，由此推知，以供應國內市場為主。

倘若專利權人恣意妄為，企圖濫用權利來限制或產生不公平競爭時，經法院判決或公平交易委員會處分確定者，將不在此限。舉例來說，原專利權人以進口專利產品，替代國內設廠製造，有自己不實施也不讓他人運用，經智財法院判定有限制競爭的事實，強制授權申請人申請強制授權的範圍，將不再侷限於國內市場；換言之，商品市場可擴大實施至世界各國。

（三）處分限制

強制授予實施權，不得讓與、信託、繼承、授權或設定質權；主要藉此區分，強制授權與契約授權間的差異性。一般而言，被授權人取得意定授權，其專利內容、實施範圍或權限等，依契約自由原則僅需雙方同意，較無限制可言；反觀，強制授權本於公益之目的，強迫限縮專利權人的排他權，原則上，實不宜超越一般授權契約的權限。

處分行為之例外。為避免法律關係日趨複雜，因公益非營利或不公平競爭事由所取得之強制授權者，得與相關營業一併處分之；換句話說，強制授權應與實施有關的營業項目，一併轉讓、信託、繼承、授權或設定質權，以簡化法律上的關係。

小博士解說

補償金之規定，操作上採二階段方式，第一階段基於尊重雙方之補償金協議權，採協議先行之方式，若雙方無法達成協議或有爭執時，則進入第二階段，由專利專責機關介入核定。但二階段之處理方式耗時費日，且專利權人亦將無法適時得到補償，因此明定由專利專責機關於准予強制授權時，即一併核定適當之補償金。

強制授權機制

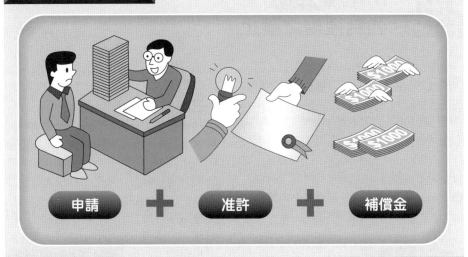

申請 + 准許 + 補償金

實施範圍

以台灣為主

知識補充站

❶強制授權實施之範圍：原則上，限於供應國內市場需要為主，惟若因專利權人有限制競爭，或不公平競爭之情事而強制授權者，依與貿易有關之智慧財產權協定（TRIPS）第31條第（k）款所為之規定，強制授權之實施範圍，得不受此限制。

❷判定權責與單位：限制競爭所產生之損益，與整體經濟利益之衡量，須考量國內外多元複雜之因素，與市場之劃定是否侷限於國內市場，亦須視個別產業之情況而為認定，上開判斷既屬公平會及法院之權責，換言之，是否以供應國內市場需要為主，理亦應依公平會處分及法院之判決，認定之。

UNIT **7-3**
強制授權之廢止

圖解專利法

強制授權就是一種準徵收，是對人民財產權的徵用，當強制授權原因已不存在時，應該馬上停止徵用人民財產，以符合法律上的「比例原則」；也就是說，原先基於公共利益，或防止私人濫權所制定的規則，一旦前揭因素已不復存在，或強制被授權人違反最初的目的，自無繼續之必要時，應容許專利權人申請廢止，或由智慧局依職權通知廢止。

（一）情事變遷

強制授權是專利權人排他權的限縮，不宜永無終止；倘若當初申請授權的原因已消逝不見，或緊急狀況已遭解除，理應專利專責機關依其通知，或供當事人申請終止特許之權利，捍衛專屬於他的專利權。以克流感為例，當疾情突然爆發，全民陷入莫名恐慌之中，人心惶惶人人自危，隨時有爆發大規模傳染的可能性；我國政府迫在眉睫，衛生署（當時機關）一方面與羅氏藥廠談論意定授權，另一方面著手申請強制授權，希冀雙管齊下能因應緊急狀況。隨之，對疾情日漸瞭若指掌，病情逐步得到控制，情事已逢變遷，羅氏藥廠亦能充分滿足我國所需，緊急情況已不復存在，便無強制授權之必要，理應廢止。

（二）一諾千金

欲申請特許實施發明專利權者，本應備具詳細之實施計畫書，於書面申請時以冠冕堂皇之理由或原因，試圖說服專利專責機關及專利權人准予同意；順理成章，取得特許實施專利權後，應依當初承諾逐步實施該專利權。換句話說，當被授權人未依授權內容適當實施時，因未遵守相關約定，智慧局得依申請廢止強制授權，理所當然且通情達理。

（三）補償義務

捨得捨得，有捨才有得。研發專利、申請專利，到後續的維持專利，每每都是筆可觀的支出；待投入大量資源，確立擁有專利權後，便是專利權人收成之時。倘若因強制授權，賦予公益目的或愛國情操等因素，要求專利權人在期限屆滿前，不得不被迫減少銷售收入，或減損預期之利益，對於並無主觀過錯的專利權人來說，實為冤屈；為此，特許實施權人應負起給付補償金之義務，通過經濟補償金的給付，讓專利權人也能獲得實質上的慰藉。換句話說，被授權人未依規定支付適當補償金時，應廢止強制之授權。然而，合理的補償金，如何計算？於雙方當事人對金額彼此爭論不決時，應由專利專責機關核定之。

小博士解說

為調整專利技術造成之獨占，或公共利益之維護等，強制授權在反托拉斯架構下，為一種矯正之措施，亦即強制授權在立意上，是歸屬導正專利權之濫用，規範專利權人義務之制度。目前 TRIPS 相關之強制授權規定，大致可略分為下列幾大原則：
❶個案考量原則。
❷先請求原則。
❸不具專屬性與不可轉讓性。
❹國內實施原則。
❺司法審查。
❻反競爭救濟。

強制授權廢止

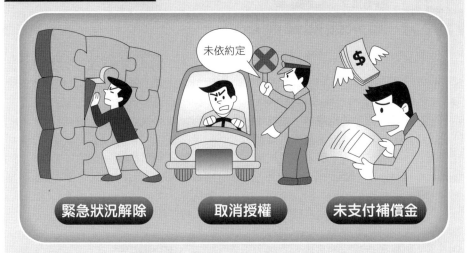

未依約定

緊急狀況解除　　取消授權　　未支付補償金

TRIPS相關規定

TRIPS
相關規定

個案考量原則

先請求原則

不具專屬性與不可轉讓性

國內實施原則

司法審查

反競爭救濟

知識
補充站

專利專責機關是依據中央目的事業主管機關之通知而為強制授權，又考量強制授權為公權力對專利權實施之限制，故如需用專利權之中央目的事業主管機關，因情事變更認已無強制授權之必要時，專利專責機關應依通知廢止該強制授權之處分，以解除強制授權對該專利權實施之限制。

■強制授權之法律性質，乃藉由強制授權之處分，強制雙方締結授權契約，因此，在作成強制授權之處分後，即擬制雙方成立授權合約之狀態。

■強制授權後有無廢止該授權的必要，自應交由專利權人本於維護自身權益而加以主張。

UNIT **7-4**
醫藥品的強制授權

醫藥科技已十分發達的今日，對於大部分的傳染病，如瘧疾、痢疾、結核病、痲疹……等，皆能有效地進行藥物治療；然而，在你所不知道的世界中，這些早就應該絕跡的病，卻仍折磨著中低度開發國家的人民，因經濟上買不起或欠缺製藥能力，仍飽受著疾病的痛苦與威脅。

生命權，普世價值，不可因人種而有所差異。持疑的是，專利制度給予專利藥品所帶來的排他性壟斷，使得藥價居高不下，卻是毫無疑問的事實；站在人道援助的立場，我國以世界公民的積極態度，明文規定，智慧局得依申請審核程序，強制授予申請人實施其專利權，以實質供應國家所需之醫藥用品，挽救寶貴的人命。

（一）協議優先

製藥產業的特點是時間長、經費多、高風險，全仰賴專利制度確保投資能夠回收，才有業者願意投入營運和研製新藥，為健康達循序漸進之良效；避免顧此失彼，在遵循制度的大原則下，規定申請人必須先自行與專利權人協商「意定授權」，倘若在相當期限內，以合理的條件仍不能謀合時，才可向智慧局提出專案申請。特別留意，假設所需醫藥品已在進口國核准強制授權者，將不在此限。

（二）證明文件

進口國為世界貿易組織會員，需準備的文件有：❶已通知與貿易有關之智慧財產權理事會，該國所需醫藥品的名稱及數量；❷已通知與貿易有關之智慧財產權理事會，該國無製藥能力或製藥能力不足，且有作為進口國的意願。但是，為聯合國所發布低度開發國家，申請人毋庸檢附證明文件；❸所需醫藥品在該國無專利權，或有專利權但已核准強制授權，或即將核准強制授權的文件證明。

進口國為「非」世界貿易組織會員，所準備的文件較為簡易，只需以書面方式向中華民國外交機關，提出所需醫藥品名稱及數量，且同意防止所需醫藥品轉出口，不得轉做其他商業用途即可。

（三）相關規定

❶數量

應先行向與貿易有關之智慧財產權理事會，或中華民國外交機關通報所需的數量；再者，醫藥品應全部輸往進口國，不得轉往第三國家，且授權製造的數量不得超過通報數量。

❷標示

強制授權製造的醫藥品，其外包裝應依專利專責機關指定之；再者，包裝、顏色或形狀，應與專利權人或其被授權人所製造的醫藥品，明顯且讓人足以辨別區分。

❸補償

強制授權的被授權人應支付適當之補償金；補償金的數額，由專利專責機關參考專利醫藥品於進口國的經濟價值，與聯合國所發布的人力發展指標核定。

❹公告

被授權人於該醫藥品出口前，應於網站公開該醫藥品的數量、名稱、目的地及可資區別的特徵；且出口之醫藥品，可不受查驗登記作業的準則流程所限制。如藥物委託製造及檢驗作業準則、藥品優良臨床試驗準則、藥品生體可用率及生體相等性試驗準則等。

醫藥品的強制授權

別擔心，讓我們來幫你

這藥費好沉重

免費申請

相關規定

數量	❶向貿易有關智慧財產權理事會或中華民國外交機關通報 ❷全部輸往進口國，不得轉往第三國家 ❸授權製造數量不得超過通報數量
標示	❶外包裝應依專利專責機關指定 ❷包裝、顏色或形狀，明顯讓人足以辨別
補償	❶被授權人應支付適當補償金 ❷補償金數額，參考專利醫藥品進口經濟價值
公告	❶網站公開醫藥品數量、名稱、目的地及區別特徵 ❷出口不受查驗登記作業準則流程所限制

UNIT 7-5
發明專利的納費

使用者付費，天經地義毋庸置疑。考量整體專利制度下，❶政府針對專利申請，需承擔各項行政成本的支出；❷常年受保護的專利權，其管理或資源提供，也需要一筆經費來因應；❸專利權並非屬於一般民眾常用之基本權益，不宜採行全民納稅的財政支應。專利規費收費準則於1981年10月2日訂定發布，前後歷經十四次修正，2012年修正名稱為「專利規費收費辦法」，最近一次修正施行日期為2019年9月27日。

（一）繳納項目

❶申請專利時，應繳納申請規費；針對逐項進行比對者，費用收取也採逐項收費為原則。例如：申請發明專利，每件新臺幣3,500元；申請提早公開發明專利申請案，每件新臺幣1,000元；請求項超過十項者，每項加收新臺幣800元；說明書、申請專利範圍、摘要及圖式超過五十頁者，每五十頁加收新臺幣500元……等。

❷核准專利時，應繳納專利證書費。例如：證書費每件新臺幣1,000元；證書之補發或換發，每件新臺幣600元……等。

❸持有專利期間，應繳納專利年費；申請准許延長或延展專利權者，該期限內仍應繳納專利年費。以發明專利為例，每件每年專利年費如下：第一年至第三年，每年新臺幣2,500元；第四年至第六年，每年新臺幣5,000元；第七年至第九年，每年新臺幣8,000元；第十年以上，每年新臺幣16,000元。

（二）繳納方式

申請人應於審定書送達三個月內，至智慧局繳納證書費及第一年的專利年費；屆期未繳費者，專利權自始不存在。法律不外乎人情，申請人非因故意而未繳費時，特許通融得於期限屆滿後六個月內補繳，但除了本身應繳納的證書費，及第一年專利年費外，需再多繳一年份的專利年費，以示警惕。

欲持有專利，所費不貲。為鼓勵國人從事專利研發，針對經濟競爭環境中較為弱勢的群體，也有訂定費用減免優惠措施，發明專利人為：❶自然人；❷學校單位；❸中小企業者，可向智慧局申請減免專利年費。

（三）逾期延滯金

第二年以後的專利年費，未於期限內繳費者，得於期滿日後六個月內補繳之；倘若仍未於補繳期限屆滿前繳納者，專利權自原繳費期限屆滿後當然消滅。

逾期者除原應繳納之專利年費外，應以比率方式加繳專利年費。逾期延滯金的計算方式如下，逾越期間按月加繳，每逾一個月加繳百分之二十，最高加繳至當年應繳年費的數額，也就是最高繳交當年二倍的專利年費，不足一個月者，以一個月為單位來計算。

😊 小博士解說

便民措施

智慧局無通知專利權人繳納年費之義務；然而，為避免專利權人忘記繳費導致專利權消滅，提供了「專利年費繳納通知單」及「專利年費加倍補繳通知單」之便民服務。此服務並非智慧局之義務，故建議採取一次繳納數年專利年費之方式，既不需每年都要記住繳費事宜，如遇到年費調整時，毋庸補繳差額。

發明專利的納費

繳納方式

 **★不可不知**

Q：專利年費期滿後，還有6個月的補繳期限，若有人在此期間實施專利權，是否應負起侵權責任？

A：專利權用未繳納時，專利權原則上已當然消滅，此時如果他人有實施專利權的狀況，理應認為非故意侵權，第三人對專利權已消滅之信賴應給予保護；除非，專利權人能證明他人有故意或過失之情事。

UNIT **7-6**
侵害發明專利權之救濟方法與計算

圖解專利法

　　權利救濟，當自己的合法權利受到他人侵害時，法律上所賦予的補償方式；專利權既歸屬於權利，想當然爾，遭受侵害時，專利權人得請求相關的損害賠償。依專利法明定的民事救濟方式有數種，可自行選擇或搭配合併使用。

（一）禁止侵害

　　發明專利權人對於已發生的侵害行為，得請求排除；有侵害之虞者，為防範於未然，也可以請求制止；同時，針對侵害專利權的物品、原料或器具等，可請求直接銷毀、聲請假扣押，或做其他必要的處置。應注意事項有三：
❶發明人之姓名表示權受到侵害時，得請求表示發明人姓名，或其他回復名譽之必要處分；例如在報章雜誌上，刊登聲明或道歉啟示。
❷法諺有云：「法律不保護讓自己權利睡覺的人」。倘若專利權人發現侵權行為，卻未積極主張自己的權利，如侵害行為已超過十年，或發現該行為及賠償義務人起二年內，導致請求權時效消滅，侵權人得以「罹於時效」作為抗辯。
❸專屬被授權人在被授權範圍內，可比照專利權人般，請求行使禁止侵害之行為；但契約有另行約定者，從其約定。

（二）損害賠償

　　民法有關損害賠償的規定，以回復原狀為主，金錢賠償為輔；然而，考量專利權的特殊性，實往往無法回復其原狀，故改採金錢賠償為原則。發明專利權人對於因故意或過失侵害其專利權者，請求財產上的損害賠償，得就下列各款擇一計算：❶依民法第 216 條規定。但不能提供證據方法以證明其損害時，發明專利權人得就其實施專利權通常所可獲得之利益，減除受害後實施同一專利權所得之利益，以其差額為所受損害；❷依侵害人因侵害行為所得之利益；❸以相當於授權實施該發明專利所得收取之合理權利金數額來作為計算損害的基礎。

　　如果是故意的侵害行為，法院得因被害人之請求，依侵害情節，酌定損害額以上的賠償；但是，不得超過已證明損害額之三倍。

🙂 小博士解說

❶**差額說：**不能提供證據方法以證明其損害時，發明專利權人得就其實施專利權後，一般而言可獲得之利益，減除受害後實施同一專利權所獲得，以兩者間之差額認定為所受之損害。舉例來說，原本實施該專利，照理可獲得之利益新臺幣五百萬元，現因專利權遭受侵害，導致獲利金額僅剩新臺幣三百萬元，故請求賠償額度為新臺幣二百萬元；❷**總額說：**侵害人不能就其成本，或必要費用舉證時，以銷售該項物品全部收入，扣除必要成本或費用，即推定為所得之利益。舉例來說，侵害人製造仿冒品銷售，販賣總額為新臺幣五百萬元，扣除必要的生產及行銷成本為新臺幣三百萬元，剩餘收入新臺幣二百萬元，即為請求賠償的額度；❸**授權說：**相當於授權實施該發明專利所得，所收取之權利金數額，為所受之損害；換言之，專利權人因他人的侵權行為，導致喪失權利金的收入，可認定為財產上的損失，認列為損害賠償的金額，轉向侵害人索賠；❹專利權人之業務信譽，因侵害而致減損時，得另請求賠償之；侵害行為如屬故意，法院得依侵害情節輕重，酌定損害額以上之賠償，不得超過損害額之三倍。

侵害救濟

反侵權

銷毀侵權物

（已發生→排除；侵害之虞→防止）

損害賠償

賠償協議

侵權損失

授權金收入

知識補充站

為強化對專利權人之保護，2014年1月3日專利法增訂第97-1條至第97-4條「邊境保護措施」規定，俗稱「申請查扣」條文；查扣重點如下：

❶查扣程序

申請人須向海關以書面釋明侵害的事實，並提供擔保金；海關受理查扣後，應通知雙方當事人，在不損及查扣物機密資料保護下，雙方得檢視其查扣物。

❷廢止查扣

申請查扣後，申請人如未於12日內提起侵權訴訟、訴訟經駁回確定未侵權、申請人主動撤回查扣或被查扣人提供反擔保時，海關應廢止查扣，該廢止查扣原因，如屬於可歸責於申請人的事由時，申請人應負擔因查扣所產生的倉租、裝卸等費用。

❸損害賠償

申請人申請查扣，如未來經法院確定判決沒有侵權時，對於被查扣人因查扣所產生之損害應負賠償責任，另外，對於擔保金或反擔保金，如雙方和解或他方同意時，得向海關申請返還。

UNIT **7-7**
專利品上之標示

專利之物，往往涉及高技術門檻，一般人單就物品外觀上，要能清楚明確辨別是否為其專利品，實有困難度；為免於社會大眾動輒得咎，莫名其妙捲入侵權官司中；專利法明文規定，專利物上應標示專利證書號數，協助民眾辨識是否為專利物品，不能在專利物上標示者，也應在標籤或包裝上採用顯著標明的方式，足以讓消費者辨識正版品與仿冒品的差別。

（一）標示義務

專利權人被要求應在專利物品上標示專利證書號數，不能標示者，得以標籤、包裝或其他足以引起他人認識的顯著方式來表示，此一原則主要目的在於促使專利權人主動告知社會大眾，專利權存在的事實，以避免將來發生侵權的狀況。

原則上，未明確標示者，當發生侵權行為時，專利權人應負起舉證的責任；一般而言，實務上普遍做法，專利權人多會以先寄發警告函，或存證信函等方式，讓侵權人確知此為專利物品，一來，已盡告知義務，二來，藉此減輕專利權人的舉證責任。

（二）標示方法

專利法並未明文規定應如何標示。實務上建議，專利證書號碼最好可直接鐫刻或印貼於專利物品上，如中文標示「中華民國第 XXX 號專利」、英文標示為「R.O.C. Patent XXX」或「R.O.C.Pat.XXX」；倘若物品的形體太小，或專利號數量過多，也可選擇標示於產品包裝上，或產品型錄上；又或者是，單一商品擁有眾多專利，如筆記型電腦的積體電路板、顯示器螢幕、鍵盤……等，雖較麻煩，但仍建議每件專利品上，最好都能明確標示清楚。

（三）標示期間

專利權持有保護期限內，應予以標示專利證書號數，當專利權消滅或撤銷確定後，不得為之；也就是說，專利權一旦不存在時，自不得再為任何專利的標示，以免混淆視聽。倘若未申請專利或申請尚未核准，卻已於產品或其包裝上標示專利號數，可能已背負專利不實標示之法律責任；其相關法律有：刑法、公平交易法、商品標示法，或民事侵權行為等。

😊 小博士解說

公平交易委員會常依不實標示，如「未取得專利權而標示」、「標示已逾期之專利」及「標示未使用之專利」等違規項目開罰，處理方式包括：
❶限期命其停止、改正其行為或採取必要更正措施。
❷處新臺幣五萬元以上、二千五百萬元以下罰鍰。
❸逾期不為改正者，繼續限期命其停止、改正其行為或採取必要更正措施。

專利品標示

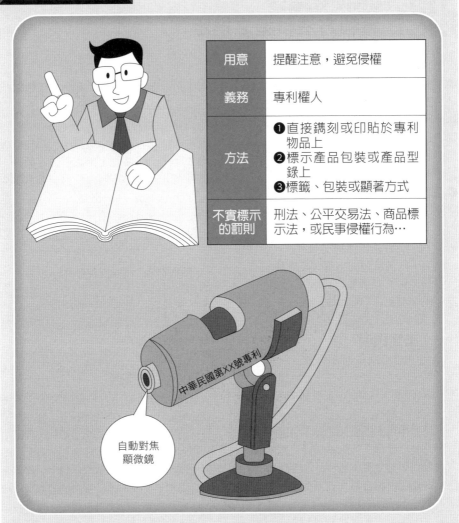

用意	提醒注意，避免侵權
義務	專利權人
方法	❶直接鐫刻或印貼於專利物品上 ❷標示產品包裝或產品型錄上 ❸標籤、包裝或顯著方式
不實標示的罰則	刑法、公平交易法、商品標示法，或民事侵權行為…

中華民國第XX號專利

自動對焦顯微鏡

★標示困難者，應如何處理？

考量部分類型之專利物，因體積過小、散裝出售或性質特殊，不適宜於專利物本身，或其包裝為標示者，例如晶片專利，要求其在專利物或其包裝上，標示專利證書號數，實在是有窒礙難行之處；又或者是說，施工方法之專利，實際操作手法上，根本無法在物或其包裝上標示。

■參考美國專利法第287條及英國專利法第62條第1項之規定，修正後：

❶以專利物上標示為原則，不能於物上標示時，得於標籤、包裝，或以其他足以引起他人認識之顯著方式，標示之。

❷若未附加標示者，請求損害賠償時，負有舉證責任，需證明侵害人明知，或可得而知為專利物的相關責任。

UNIT **7-8**
專利方法製造之推定

圖解專利法

　　舉證之所在，勝敗之所在。訴訟過程中，負有舉證責任的一方，常因證據不足，而遭到敗訴的命運；原則上，民事案件歸屬於私領域之權利救濟，原告欲透過司法程序討回公道，理應由原告負起舉證之責。舉例來說，物品專利侵權之舉證，專利權人（原告）需負證明：❶擁有該專利；❷侵權人（被告）有故意或過失之侵害；❸專利權人因此受到損害；❹侵害行為與損害間有相當因果關係，此為侵權賠償發生之要件。

　　然而，侵害專利的型態，不單單只有物品的專利；方法專利的舉證，如何認定？實為複雜，下列說明之：

（一）推定證明

　　專利侵權適用民事訴訟法；一般流程，專利方式遭受侵害時，需由專利權人主張有利於己之事實，譬如要先證明自己擁有該專利方法，其次再證明侵權人也是利用相同的製造方法，才得以控訴對方。訴訟程序大方向沒錯，但考量方法專利用於生產過程中，倘若要求專利權人負起舉證之責，也就是要求專利權人要想辦法進入現場蒐證調查，實在是強人所難，尤其是化學品或醫藥品的製程，更是業者視為高度機密，非常難取得相關佐證資料。

　　為更有效保護方法專利，製造方法專利所製成之物，在該製造方法申請專利前，為國內外未見者，他人製造相同之物，推定為以該專利方法所製造；簡言之，我國推定要件即「國內外未見」、「與他人製造相同之物」。舉例來說，當被告的東西，國內外從沒見過，且與專利權人的方法專利，所製成的產品相同時，就推定被告的物品是該方法專利所製造的；此時，被告就應負起舉證之責，證明物品的製造流程並非利用該方法專利，未侵犯原告者的方法專利權。

（二）反證推翻

　　為避免有心人士藉由訴訟，窺知他人方法專利，明文訂定舉證責任之轉換，實可理解；反之，為顧及另一方當事人（如被告）之合法權益，亦訂有「前項推定得提出反證推翻」之規定。也就是說，既然「推定」為該方法專利所製造，同理可證，只要侵權者（被告）有辦法能證實，製造該相同物之方法，與專利權人的方法專利不相同者，視為反證。簡言之，被告證明製程與方法專利不同，未有侵權的事情發生，侵權行為自應不予成立。

（三）保密原則

　　針對被告舉證所揭示製造及營業秘密合法權益，因考量專利訴訟上之特殊性，往往有特別的規定，如方法專利，因已申請專利權註冊，並登載於專利公報上，廣為公眾所知的訊息，訴訟過程中，實無保密之必要；反觀，鑑於被告因證據責任轉換，導致需在訴訟上負舉證責任時，被告所闡述之製程及營業秘密，基於保護合法權益，都應予充分保障。

小博士解說

　　舉證責任制度，是指當事人對主張，有蒐集或提供證據之義務。以民事訴訟法為例，主張權利存在之人，應就權利發生之法律要件，或存在事實為舉證；否認權利存在之人，應就權利妨害法律要件、權利消滅法律要件，或權利受制法律要件，負舉證之責。

推定證明

為保護方法專利，凡國內外未見、與他人製造相同之物，即推定以該專利方法製造；此時，被告應負舉證之責，證明未侵權。

反證推翻

露地栽培

設施栽培

被告證實方法不同，侵權行為自應不成立

■舉證責任制度

主張權利存在之人，應就權利發生之法律要件，存在之事實為舉證；否認權利存在之人，應就權利妨害法律要件、權利消滅法律要件，或權利受制法律要件，負舉證之責。

■物品專利侵權之舉證

❶專利權人（原告）需負證明，擁有該專利

❷侵權人（被告）有故意或過失之侵害

❸專利權人因故受到損害

❹侵害行為與損害間，有因果關係

UNIT **7-9**
發明專利之訴訟

　　舉凡先進法治國家，莫不致力完備智財權保護措施，與相關案件之訴訟制度。有別一般民刑事案件，為加速解決紛爭，累積審理智財案件，以求法官專業化與國際見解同步；我國自 2008 年 7 月 1 日，成立智慧財產法院（現：智慧財產及商業法院），同時明文規定，司法院得指定具公信力機構協助鑑定，精準無誤地解決專利案件。

（一）適格當事人

　　當侵害已發生或有疑慮時，攸關個人權益，得提起民事訴訟之救濟方式。本國人具備當事人資格，毋庸置疑；如果是外國人呢，是否有當事人適格的疑慮？自我國加入世界貿易組織後，會員國間互有國民待遇原則，因此，我國有義務提供會員國的國民，在我國有提出訴訟的權利。

　　非世界貿易組織會員的國家，未依互惠原則提供我國專利申請者，原則上我國得拒絕受理申請專利，所以不會產生後續的問題；然而，假設實務上已取得專利權者，是否擁有訴訟的權益？只給權利不給救濟方式，恐怕成為專利保護制度上最大的缺失，為符合專利法基本精神，未經認許外國法人或團體，得擁有訴訟法上之適格當事人；簡言之，已有專利權者在具體訴訟上，理當具有資格。

（二）優先審查

　　專利舉發案涉及侵權訴訟案件之審理時，智慧局得優先審查；主要考量因素在於，舉發案審查結果，往往關聯到能否繼續持有專利權，會不會面臨被撤銷的命運？假使，法院未參酌審查結果即進行裁決，最終卻與智慧局認定不一致，將會造成更複雜的法律關係，也會開始持疑政府的公信力。為保障專利權人合法權益，有必要讓「進行中」的審定結果早日明確；因此，涉及侵權訴訟的舉發案件，得檢附相關證明文件，申請優先審查。

（三）判決書送達

　　當法院作出判決時，應將判決書正本一份送至智慧局，併將判決書附入相關案卷中，以供未來查詢之用；一來可瞭解法院解讀法條的實務做法，二來，司法為最後一道防線，按裁判的一致性與可預期性，類似個案予法院判決結果應大同小異，冀以贏得人民最終之信任。

🙂 小博士解說

　　鑑定機構應遵守之原則：

❶**迴避原則**：鑑定結果影響當事人權益甚鉅，為避免利益衝突或引發當事人對於鑑定結果之質疑，有利害關係時，宜予迴避。

❷**鑑定人員**：嫻熟該專業領域且曾接受專利侵害鑑定訓練之專業人員擔任；又因鑑定報告為一法律文件，故宜由法務人員協助完成鑑定工作。

❸**流程時效**：鑑定結果攸關產業市場競爭力，為維持一定時效性，鑑定機構宜訂定標準作業流程完成時限，及配合法院辦案需求。

❹**保密措施**：鑑定機構僅扮演協助法院瞭解事實、調查證據之角色，對於當事人及其所提供之資料、過程與結果，均應保密。

❺**鑑定報告**：報告內容應清楚、明確，避免模稜兩可或艱澀難解之結論與說明；對於因資料不足而無從判斷者，如禁反言原則之適用，應予闡明，以達到鑑定之真正目的。

訴訟

智慧財產及商業法院

專業鑑定機構

適格當事人	❶本國人 ❷ WTO 會員國 ❸ 互惠原則給予專利權者 ❹ 已取得專利權外國人
優先審查	❶ 舉發案涉及侵權訴訟案時，智慧局得優先審查 ❷ 預防法院裁決與智慧財產局審定不一致
判決書送達	除雙方當事人，亦應將判決書正本一份送至智慧局

鑑定機構應遵守原則

1
迴避原則
有利害關係時宜迴避

2
鑑定人員
受過侵害鑑定訓練之專業人員，宜加上法務人員協助

3
流程時效
完成訂定標準作業流程及時限

4
保密措施
對當事人及所有資料，應保密

5
鑑定報告
清楚、明確，避免模稜兩可或艱澀難解之結論與說明

★舉發案與專利侵權訴訟之關係

❶ 為使訴訟案件能有效進行、避免延宕，舉發案涉及侵權訴訟案件之審理者，得優先審查。

❷ 民事訴訟中，法院為判斷當事人關於智慧財產權有應撤銷原因之主張或抗辯，必要時，得以裁定命專利專責機關參加訴訟。

❸ 已提起舉發且有審定結果，當事人可應依審定書內容表示意見；若該舉發案已達可審之狀態，但尚未審定發文，則僅就審查進度向法院說明，並得允諾在沒有後續補充理由或答辯之前提下，儘速審結。

第 **8** 章

新型專利

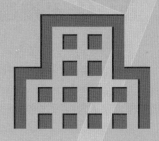

● 章節體系架構

UNIT **8-1** 什麼是新型

新型專利，依我國專利法明文規定：「新型，指利用自然法則之技術思想，對物品之形狀、構造或組合之創作。」單就字義上解讀，新型是：❶占據一定空間的物品實體；❷技術是指利用自然法則所產生的方法；❸在物品的形狀、構造或組合上有所創新，能產生「新作用」或「增進」的功效；也就是說，如果是技術方法，就不符合新型的定義，當然就無法申請新型專利之保護。

（一）解釋名詞

❶物品

經工業方法製造，具體且確實存在之物；以隱形飛機為例，螺旋槳（機械）、引擎（動力裝置）或其他細小零組件等，都可申請為新型專利標的。以此反推，隱形飛機的製造過程、步驟及方法等，就不屬於新型專利範疇之內。

❷形狀

單從外觀即可看出輪廓者，才符合新型的定義；換句話說，無形抽象的創作，沒有確切形狀者，也都不符合新型的定義。舉例來說，氣態、液態、粉末狀等，隨時會改變形狀；或動植物、微生物、軟體程式等，沒有固定形狀者，都不歸屬於新型專利。

❸構造

事物組織，由各元件相互組合而成的物品，且已達高度利用價值者，即可申請；以隱形飛機為例，將飛機的外觀型板加以改良其層狀構造，可降低雷達偵測，就屬於是新型專利。反之，僅改變形狀，或增減該建材物質分子上的比例，是無法滿足定義標準的。

❹組合

為達某一特定目的，將原具有單獨使用機能的多數獨立物品，予以重新組合或裝設，亦屬新型範疇之內。例如：布鞋加上止滑快乾功能，成為兩用鞋款；雨傘加上抗 UV 功能，成為晴雨兩用傘；彈簧加上折疊功能，成為伸縮環保筷。

（二）違反公序良俗

為排除社會混亂、失序、犯罪及其他違法行為，將妨害公共秩序、善良風俗的發明，列入法定不予專利之項目；舉例來說，研發種植毒品的用具或改良吸食用具構造等。再者，說明書、申請專利範圍或圖式中所記載新型的商業利用（commercial exploitation）會妨害公共秩序或善良風俗，則應認定該新型屬於法定不予專利之項目。

其三，商業利用本不妨害公共秩序或善良風俗，但卻因專利商品化的結果，遭有心人士濫用，導致發生妨害公序良俗時，如各種牌具卻被用於賭博，或醫療器具卻被改造成吸食毒品工具，該如何處理？經反覆思量，物品本身並無對錯，全憑使用者價值觀的誤認與錯用，罪不及原發明物品，故仍准予法定專利之保護。

💬 小博士解說

全球一百多國中，施行新型專利之國家相對較少，如我國、法、日、德及義大利等；我國產業結構主要以中小企業為主，考量其產品生命週期、規費多寡，甚至涉及技術水準高低等因素，申請新型專利者，只要符合必備程序、格式、繳納規費，且非違反公序良俗之標的，即准予新型專利權，並發予專利證書，其快速且便捷之特性，相當符合我國之國情。

什麼是新型

俗稱小發明

形狀

組合（飛機+飛彈=戰鬥機）

構造

 ★「組合」取代原先「裝置」的用語

新型之標的除物品之形狀、構造外，還包含為了達到某一特定目的，將原來具有單獨使用機能的多數獨立物品加以組合裝設者，如裝置、設備及器具等，非僅限於「裝置」；因此2011年修法參酌日本實用新案法第1條、韓國新型法第4條及大陸專利法第2條規定，將原條文之「裝置」修正為「組合」。

 ★準用發明專利

申請新型專利，準用發明專利的有：
❶應具備新穎性、進步性及產業利用性之專利要件
❷主張優惠期，及所主張優惠期之事由
❸有關新型專利擬制喪失新穎性之規定

161

UNIT **8-2**
新型專利如何申請

圖解專利法

新型專利申請案之審查,採行「形式」審查制度,根據說明資料即判斷是否滿足專利要件;也就是說,以說明書、申請專利範圍、摘要及圖式判斷是否符合形式要件,不進行須耗費大量時間的前案檢索及要件實體審查。換言之,申請案書面資料之良窳,左右整個專利案之審查結果。為避免南柯一夢,需特別留意的細節有:

(一)申請日認定

當申請人備齊所有文件,向智慧局提出專利申請,實際收到或送達時,發生一定法律效果之日期,稱為申請日;以掛號郵寄方式提出者,交付郵遞當日之郵戳所載日期為準。如果必要之文件有所欠缺,則以文件補齊日為申請日;由此可知,申請日之認定直接關聯到專利期間,不可不慎。

(二)版本與時限

明文規定以中文本為主。申請人無法在申請時,提出說明書、申請專利範圍及圖式的中文本,得以先由外文本提出申請,智慧局亦得受理,且在「外文本以完整揭示同一發明」原則下,應根據外文本的提交日,認定為申請日;反之,未於智慧局指定期限內,補呈中文說明者,其申請案不予受理。附帶一提,外語文種類以阿拉伯文、英文、法文、德文、日文、韓文、葡萄牙文、俄文或西班牙文為限;語文種類不符規定時,將通知限期補正,並以補正日為外文本提出日。

期間規定,有無例外?答案是有的,未於指定期間內,但在處分前補正者,以補正之日為申請日。舉例來說,飛哥與小佛於 2022 年 1 月 1 日提出英文版

申請案,智慧局限定一個月內補正中文版,結果 2 月 1 日期限到了,還是沒補上;如果這時,可趕在處分前補正的話,不論哪一天補齊中文資料,一律都當作重新遞交申請案來處理,之前外文版本的申請案,就當作沒這回事。簡言之,何時有完整之書面資料,就認定當日為申請日。

(三)載明先前技術

新型專利審查制度採行「形式」方式,故申請新型專利時,應於說明書上詳細記載,並解說所有已經知道的技術內容,最好還能檢附該先前技術之相關資料。如此一來,可讓相關技術領域者,因文字說明或圖式等內容,詳加瞭解並可據以實施;二來,智慧局的審查人員,更能正確判斷其發明創作的背景與過程,縮短申請案審查時程,作為評估判斷專利要件的參考。

😊 小博士解說

電子申請

有關專利之申請及其他程序,得以電子方式為之;其實施辦法,由主管機關定之。經濟部智慧局,已於 2008 年 5 月 9 日訂定發布專利電子申請實施辦法(現:專利電子申請及電子送達實施辦法),同年 8 月 26 日開放利用網際網路方式,將專利申請文件傳送至智慧局之資訊系統,進而完成專利申請之程序。2017 年 6 月專利法新申請案,電子申請比率為 51.59%,已達過半目標,智慧局電子化進程將顯著進展;以電子方式加速審查效率,將來也有利於日後資料庫之整合與運用,一舉數得。

新型專利如何申請

提出申請 → 書面審核 → 核駁 / 核定

申請日

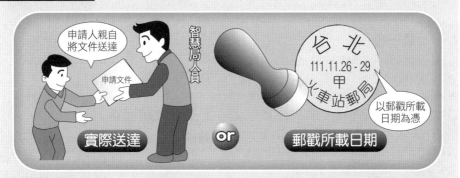

申請人親自將文件送達　智慧局人員

申請文件

台北
111.11.26 - 29
甲
火車站郵局

以郵戳所載日期為憑

實際送達　or　郵戳所載日期

版本

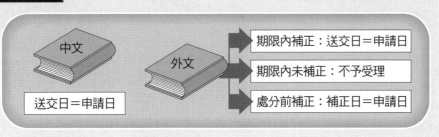

中文　　外文

送交日＝申請日

期限內補正：送交日＝申請日

期限內未補正：不予受理

處分前補正：補正日＝申請日

知識補充站

★圖式相關規定

新型專利是物品的形狀、構造或組合，為達到明確且充分揭露目的，申請文件中「至少」應具備一個圖式才行；簡言之，圖式為必要文件。

圖式得為座標圖、流程圖、工程圖、照片等；圖式應以表達新型技術內容的圖形及符號為主，說明文字應記載於圖式簡單說明，圖式本身僅得註記圖號及符號，但為明確瞭解圖式，得加入單一簡要語詞，如水、蒸氣、開、關等，除必要註記外，不得記載其他說明文字。

UNIT 8-3
新型專利申請分割的情形

圖解專利法

申請新型專利，實質為二個以上之發明時，可經智慧局通知，或依申請人主動提出申請，將數個請求項分開處理，即所謂的申請分割案；但，不得變更原申請案之專利種類。換言之，一案分兩案，也正是分案的概念，所以想要更改申請類別者，應以「改請案」提出才是。

（一）單一性

每一專利發明，應各別提出申請，這就是所謂的一發明一申請原則。但，考量申請人、公眾及專利專責機關，在申請案分類、檢索及審查上的便利性；專利法有規定，二個以上的發明在技術上有相互關聯，而屬於一個廣義發明概念者，得於一申請案中共同提出。簡言之，即兩個以上的小發明，在技術上有關聯性，且屬於一個大的發明概念，就可以在一件申請案中提出。

何謂單一性之判斷？其方法為何？單一性是指不須經檢索，即可明確判斷系出同源；其判斷方法如下：首先，判斷獨立項與獨立項間，技術特徵上是否有明顯的相互關聯；也就是說，確認兩發明間是否關係密切。再者，判斷說明書所載明之先前技術，是否具有相同或相對應之技術特徵；舉例來說，獨立項以二段形式記載，第二發明包含一個或多個與第一發明相同或相應的技術特徵，則可以判斷有整體性，具有單一性；反之，第二發明與第一發明完全不同，則兩發明間就不具單一性。簡言之，各獨立項中有相似的技術關係，才稱得上具有關聯性。

（二）文件資料

新型專利申請分割者，每一分割案，

應備具的申請文件有：

❶分割申請書，除載明申請相關基本資料外，應填寫原申請案的申請案號。援用原申請案優先權或優惠期主張者，應於申請書中聲明。

❷分割案之說明書、申請專利範圍、摘要及圖式。

❸主張援用原申請案之優惠期者，其證明文件。

❹如須寄存生物材料者，其寄存證明文件。

（三）攸關權益

❶優先日

分割案仍依一般申請案之專利要件審查，申請日的認定就以原申請案的日期；如有主張優先權者，仍得主張優先權日為申請日。

❷申請人

發明人應為原申請案發明人之全部或一部分，不得增加原申請案所無之發明人；也就是說，辦理分割申請時，兩案的申請人應該一樣，不一樣者，看是要先辦理申請人變更程序，讓兩者相同，還是要附上證明文件，說明兩案申請人間，有契約或另外約定的關係。

❸屆期日

申請案一旦分割後，即為兩案之專利申請，獨立運作互不影響；反之，假設原申請案已成定局，理所當然，也無申請分割的必要了。簡言之，應於原申請案處分前或原申請案核准處分書送達後三個月內申請。

申請分割

另案申請

新型專利
實質上為四個發明

單一性

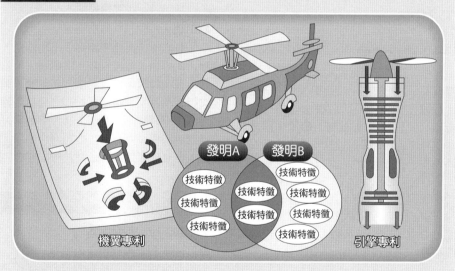

發明A　發明B

技術特徵　技術特徵
技術特徵　技術特徵　技術特徵
技術特徵　技術特徵　技術特徵
技術特徵

機翼專利　引擎專利

知識補充站

■申請日

分割申請一經受理，分割案仍以原申請案之申請日為申請日。原申請案已有主張優先權、優惠期或有寄存生物材料者，分割案亦得主張援用。惟原申請案所主張之聲明事項業經處分不予受理確定者，分割案不得再行主張。

■不同特徵的關聯性

二個以上發明即使不具相同技術特徵，但具有技術上關聯性時，即屬具有對應的技術特徵；例如一請求項為具特定形狀陰螺紋的螺帽，另一請求項為具特定形狀陽螺紋的螺栓，該等陰陽形狀之螺紋係可相互螺合者，此時得認定兩請求項中的陰、陽螺紋係對應的技術特徵。

UNIT 8-4
改請之申請

圖解專利法

一般而言，貪圖短期內順利取得專利權，往往會規劃以「新型」方式提出。然而，新型專利的保護強度，須配合技術報告書的內容，才能較有效行使；單就長遠專利實施而言，此申請策略不見得是個好方法。

申請專利到核准，短則半年，長則二至三年，初當考量申請的影響因素，或許時過境遷，已不復存在；抑或申請期間，技術提升研究再創高峰，申請人欲改請為發明專利等。為體恤民情，解決此一窘境，專利改請措施，為此申請程序另闢蹊徑。

（一）提出時機

專利申請權既屬權利概念；原則上，申請人可自行決定何時提出。但，為配合行政作業程序，針對提出時機，我國專利法仍會有所限制：❶原申請案准予專利之處分書送達後；❷原申請案為新型，不予專利之處分書，送達逾三十日後；❸原申請案為發明或設計，於不予專利之審定書送達後逾二個月後。總而言之，當申請案還在智慧局時才可申請，若原申請案已經撤回、拋棄或不受理時，則不得申請改請。

（二）改請類別

我國現行專利法規定，專利分為發明、新型及設計三種；而衍生設計專利，為設計專利之再創作。
❶其他種類改請的態樣有：發明改請新型；發明改請設計；新型改請發明；新型改請設計；設計改請新型。
❷同種類（同種）的改請態樣有：追加發明改請獨立發明；追加新型改請獨立新型；設計與衍生設計；衍生設計改請設計。

（三）注意事項

❶書面資料

①改請，性質上雖為新案，但因智慧局已有原申請案件的書面資料，故相同文件部分，無需再次檢送；②改請申請案，不得超出原申請案之範圍。

❷申請日

①原申請案主張優先權者，改請時也可聲明保留，但如果優先權已被處分不予受理者，不得於改請時，再行主張；②原申請案主張新穎性優惠期者，改請案仍得主張新穎性優惠期。

❸申請人

①兩案申請人應要相同，不相同時，應通知申請人限期補正；②申請人可就原申請案辦理申請權讓與，使改請申請案與原申請案之申請人相同。屆期未補正者，申請案不予受理；③原申請案之專利申請權為共有者，改請時應共同連署，但有約定代表者，從其約定。

小博士解說

追加專利 vs. 再發明專利

❶追加專利：專利申請人或專利權人，利用原專利之主要技術內容，所再研發之衍生技術；再發明專利：第三人（非所有權人），利用原專利之主要技術內容，所再研發之衍生技術。
❷相同點：都是以既有的原始專利技術為基礎，進一步改良或添加裝置設備；換言之，一定會利用到原有的技術。
❸相異點：除所有權人不同外，追加專利附屬於原始專利，故可少繳一份專利年費，但保護期間與原專利相同；再發明專利屬另一獨立專利，繳納專利費用，享受完整期限的專利保護。

改請申請

提出時機

❶申請案還在智慧財產局時	◯
❷原申請案准予專利之處分書送達後	✕
❸不予新型專利處分書，送達逾三十日後	✕
❹原申請案為發明或設計，於不予專利之審定書送達後逾二個月後	✕

追加專利vs.再發明專利

	追加專利	再發明專利
意義	專利申請人或專利權人，利用原專利之主要技術內容，所再研發之衍生技術	第三人（非所有權人），利用原專利之主要技術內容，所再研發之衍生技術
相同點	❶一定會利用到原有之技術 ❷進一步改良或添加裝置設備	
相異點	❶附屬於原始專利 ❷可少繳一份專利年費 ❸保護期間與原專利相同	❶另一獨立之專利 ❷繳納完整的專利費用 ❸享受完整期限之專利保護

UNIT **8-5**
新型專利之形式審查

圖解專利法

知識經濟時代來臨，工業技術日異月新，產品生命週期急遽變化，為搶得時效性，針對原新型專利審查期間冗長的缺點，我國於 2003 年 2 月 6 日修正專利法，捨棄原有的實體審查制度，改採形式審查，滿足申請者早日取得專利權的盼望；何謂形式審查？是指智慧局從檢具完備書面資料，即審核是否滿足專利要件，就決議是否准予專利申請。

（一）申請程序

經形式審查認無不予專利情事者，應予專利，並將申請專利範圍及圖式公告；新型專利權期限，自申請日起算十年屆滿。欲申請新型專利者，流程如下：首先具備申請書向智慧局提出，一經受理申請案後，該項專利申請案隨即進入一連串資料判讀過程，直至最後處分書出爐；經審查程序後之申請案，不論其准或不准給予專利，依專利法明文規定，一律都要作成書面形式的行政處分，將最終結果送達申請人。倘若決議不准予專利，為讓申請人心服口服地接受這結果，處分書內容應詳加載明爭議之處，一來，以理服眾，減少不必要的訴訟，二來，也讓想改進者，有建議可循，一舉數得。

（二）補件措施

專利權能順利一次取得者，少之又少；倘若因資料不齊全、解讀訊息有誤、技術文獻不清楚等因素，無法滿足專利要件，該申請案即予以駁回，欲申請者需重新再跑一次流程，時效性將大大減縮業界競爭力。考量業界實務操作及便民服務上，智慧局於審查時，得依職權通知申請人限期修正說明書、申請專利範圍或圖式……等文件資料；由此反推，

申請人為順利取得專利，也可自行主動申請補充或修正之。不可不知，兩者在時限上的差別，經智慧局通知者，僅得於通知期限內，但自行提出申請者，只要審查程序尚未結束前都可以。

（三）修正限制

除誤譯訂正外，修正不得超出申請時之範圍；也就是說，說明書、申請專利範圍及圖式，以外文本提出申請者，外文本不得修正，規定要補正的中文本，不得超出外文本所揭露的範圍。倘若嗣後發現後來補正的中文本，有翻譯錯誤時，申請誤譯訂正可不受此限。

當申請案已進入審查程序時，若放任無條件地隨意修改，不單單會變動已審查過的書面資料，浪費先前投入審查的人物力，也會因未來取得專利範圍的不確定性，無法讓後申請者及社會大眾對這套制度心悅誠服；由此可知，明文限制補充或修正範圍，主要在其公平性的考量。

小博士解說

實務見解

撰寫新型專利案申請書時，若有足夠的資料，建議可加入適合「發明」之描述，例如方法流程、製程、具新穎性、進步性等，便於日後「改請」發明專利案時，資料文件上不會沒有具體之內容；反之，依此類推，撰寫發明專利申請案，亦可適度將裝置或結構等描述詳加記載，以便日後改請案之申請。

形式審查

 ★說明書、申請專利範圍或圖式之修正

■獨立說明

將申請專利範圍獨立於說明書之外,說明書、申請專利範圍及圖式內容更為完整,對審查更有助益。

■直接修正

申請案是否進行修正,原則上屬人之判斷,也就是依申請人主動辦理,或智慧財產局依職權通知修改;但說明書、申請專利範圍、摘要及圖式中微小的瑕疵,得依職權「直接」進行修正,無待申請人之同意,以快速審理。

❶依職權逕行修正者,不得造成申請案之實質內容變動。

❷依職權所為之修正,應於處分書上加註說明告知申請人。

❸舉例說明

●說明書、申請專利範圍及摘要部分:明顯的錯別字、錯誤標點符號等。

●圖式部分:明顯錯誤之標號、刪除不必要說明文字等。

●指定代表圖:未依規定指定之代表圖不適當。

■一併通知

若申請人所提之修正明顯超出申請時說明書、申請專利範圍或圖式所揭露之範圍時,如有其他不符形式要件之事由,應一併通知申請人限期申復或修正,使申請人有提出申復或修正的機會。

UNIT **8-6**
新型專利之核准與權限

圖解專利法

　　為獎勵企業投入技術研發，提升國家產業整體經濟力，也為增進發明人創新之誘因，政府單位實不宜過度干預，故，明文規定不予專利情事者，極為少數；如有妨害公共秩序或善良風俗者，不予新型專利。除之此外，另有：

（一）違反新型定義

　　「新型」是指利用自然法則之技術思想，對物品之形狀、構造或組合之創作；換句話說，申請新型專利權者，針對工具、實用品及其附屬品的形狀、構造或其組合，只要通過形式的審查程序，符合相關條文規定，就可自申請日起算，取得十年的專利保護。反之，非屬物品形狀、構造或組合者，不符合新型定義，不得申請。

（二）違反書面要求

　　專利申請程序僅書面審查；文件資料的品質即說明了一切；由此得知，專利申請案決勝關鍵，掌握在說明書、申請專利範圍或圖式所揭露之範圍等。譬如：說明書、申請專利範圍或圖式，只要未揭露必要事項，或其揭露明顯不清楚者，不准；又如，修正文件後，明顯超出申請時之說明書、申請專利範圍，或圖式所揭露範圍者，也不准。總而言之，說明書、申請專利範圍、摘要及圖式之揭露方式，均應符合專利法施行細則的規定才行。

　　以新型專利案說明書來說，文件中應載明：❶新型名稱；❷新型摘要；❸新型說明；❹申請專利範圍。其說明事項應包括：❶新型所屬之技術領域；❷先前技術：應就申請人所知道的先前技術加以記載，並得檢送該先前技術之相關資料；❸新型內容：想要解決的問題

及解決問題的方式，及對照先前技術功效；❹實施方式：就一個以上新型之實施方式加以記載，必要時得以實施例說明，有圖式者，應參照圖式加以說明；❺圖式簡單說明：簡明文字依圖式之圖號，順序說明圖式及其主要元件符號。

（三）違反單一原則

　　申請單一性，是指一申請案僅限一個發明創作；兩個以上的發明，應以兩件申請案為之，不能併為一案申請；簡言之，一件歸一件，不能合併處理。基於技術及審查上的考量，為易於主管機關於案件上的分類與檢索，或社會大眾於查閱時的便利性，明定一申請案應僅就每一發明提出；再者，為防止申請人單付一筆費用，即獲得多重保護，未善盡使用者付費概念，不符合公平正義原則。大多數國家都有類似規定，我國也不例外。

🙂 小博士解說

　　新型專利申請案，經形式審查認有下列各款情事之一，應為不予專利之處分（§112）：❶新型非屬物品形狀、構造或組合者；❷有妨害公共秩序或善良風俗者，不予新型專利（§105）；❸違反說明書、申請專利範圍、摘要及圖式之揭露方式者（準用§26Ⅳ）；❹違反申請發明專利，應就每一發明提出申請；二個以上發明，屬於一個廣義發明概念者，得於一申請案中提出申請準用（準用§33）；❺說明書、申請專利範圍或圖式未揭露必要事項，或其揭露明顯不清楚者；❻修正，明顯超出申請時說明書、申請專利範圍或圖式所揭露之範圍者。

新型專利核准

負面表列

❶不符合「新型定義」

❷不符合「書面規定」

❸不符合「單一原則」

知識補充站

★依智慧局公告新型專利形式審查基準，判斷新型專利申請案的形式審查要件如下：

■是否屬物品形狀、構造或組合者

❶物品請求項應存在一個以上屬形狀、構造或組合之技術特徵。

❷判斷要件有二：

請求項前言部分應記載一物品。

主體部分所載之技術特徵必須有一結構特徵。

❸物品獨立項僅描述組成化學物質、組成物、材料、方法等之技術特徵，不論說明書是否敘述形狀、構造或組合之技術特徵，一律不符合物品形狀、構造或組合的規定。

■是否有妨害公共秩序或善良風俗者

❶說明書、申請專利範圍或圖式中所記載新型的商業利用（commercial exploitation）會妨害公共秩序或善良風俗者，如郵件炸彈。

❷因被濫用有妨害之虞，仍給予專利，如各種牌具。

■說明書、申請專利範圍、摘要及圖式之揭露方式是否合於規定

❶符合專利法及細則中，關於說明書、申請專利範圍、摘要及圖式撰寫格式規定即可。

❷實體內容，如有無相關前案資料、是否具有新穎性及進步性，則不在形式審查之列。

❸應明確且充分揭露，使該技術領域中具有通常知識者，能瞭解其內容並可據以實現。

❹專利範圍應界定明確，各請求項以簡潔方式記載。

■是否具有單一性

❶須判斷獨立項與獨立項之間，技術特徵上是否明顯相互關聯。

❷與發明審查單一性不同：實質審查需進行先前技術檢索。

■說明書、申請專利範圍或圖式是否已揭露必要事項，或其揭露有無明顯不清楚之情事

❶判斷說明書、申請專利範圍或圖式之揭露事項是否有明顯瑕疵。

❷所載明之新型技術特徵，不須判斷是否充分明確，也不須判斷能否實現。

UNIT 8-7
新型專利技術報告

新型專利技術報告，它不是「審定書」，也不是「處分書」，定位上，它只是用來確認已取得新型專利權要件的輔助制度；簡單來說，它就是一份報告書。因為不是行政處分，所以不具拘束力，但也因為是智慧局所編制的鑑定意見，所以它具有一定的公信力。

（一）申請人

何人具有申請資格？答：任何人。新型專利採形式審查，專利審查人員依申請書內容，隨即判斷是否給予專利權；有時，因審查人員所學有限，或僅就審查當下所能蒐集到的資料不完整，審查人員基於職責，仍應加以評估衡量，難以避免因審查疏忽或錯誤，而產生瑕疵專利；再者，針對已註冊公告的權利，是否確切滿足實體要件，無人可知，導致專利權往往處於不確定狀態中，專利權人有無濫用權限之疑？第三人有無侵害專利權之慮？因此，凡任何想知道的人都可去智慧局申請。

（二）申請流程

提出申請後，智慧局應指定審查人員為之，具名負責該報告書內容，並將技術報告的事實，刊載於專利公報上；假如因為商業上有急迫性的需要，應檢附相關證明文件，智慧局需於六個月內，完成該技術報告書。試問，有提前完成時效的規定，是否也有申請時限的規定呢？答：無限制，依專利法明文規定，新型專利技術報告之申請，於新型專利權當然消滅後，仍得為之。

倘若審查人員在製做報告書過程中，發現該新型專利並不符合專利要件，不影響專利權有效性。因為，新型專利技術報告設計目的，主要作為權利行使，

或技術利用參考，不具備任何處分性質；依此反推，任何人覺得新型專利有不該核准事由時，應依循相關規定，向智慧局提出舉發申請，撤銷該專利。

（三）報告內容

為製作新型專利技術報告，必須先瞭解該專利的技術內容，首先要從閱讀新型專利說明書、圖式開始（說明書、圖式以公告本為準），審查人員經檢索後，就每一個請求項予以比對，詳實撰寫「先前技術資料範圍」及「比對結果」，如有須特別註明事項時，會在「備註」欄中加以記載，以利完成新型專利技術報告。

（四）損害賠償

遭撤銷時，是否需負賠償責任？答：要。也就是說，新型專利權遭撤銷時，就其撤銷前，因行使專利權所導致他人損害者，應負損害賠償之責。但是，已盡相當注意者，不在此限。

另外，需特別留意之處，新型專利權人行使新型專利權時，如未提示新型專利技術報告，不得對已實施該新型專利權者進行警告。理由如下：由於新型專利採形式審查，對於其權利內容存有相當程度的不安定性及不確定性，為防止濫權進而影響第三人對技術的利用及開發，因此，不難理解，行使權利時需要有客觀的判斷資料；簡言之，新型專利權人進行侵權警告時，「應」提示新型技術報告才行。

新型專利技術報告書

專利要件報告
❶新穎性…
❷進步性…
❸產業上可利用性…

技術報告書

報告書效力

❶只是「書面報告」不具影響力
❷未提示報告者，不得進行警告

知識補充站

新型專利技術報告，就算已比對先前技術文獻，往往也無法發現，足以否定其新穎性等專利要件，再者，更無法排除申請之專利，是否為業界所習知技術的可能性；考量新型專利權人對其新型來源，必定較智慧財產局更為熟悉，因此，除了應負注意義務外，還需承擔舉證之責任。

■注意義務

為防止權利人不當行使權利或濫用權利，致他人遭受不測之損害，明定新型專利權人行使權利後，若該新型專利權遭到撤銷，除新型專利權人證明其行使權利是基於新型專利技術報告之內容，且已盡相當之注意者外，應對他人所受損害負賠償責任。

■舉證責任

避免新型專利權人誤以為，❶欠缺新型專利技術報告等客觀權利有效性判斷資料；❷可以僅經形式審查之新型專利直接主張權利；❸只須取得新型專利技術報告，即得任意行使新型專利權，而不須盡相當注意義務。不僅對第三人之技術研發與利用形成障礙，亦嚴重影響交易安全，為使舉證責任之分配更加明確，新型專利權人應負舉證責任。

UNIT **8-8** 更正案之審查

專利制度是一種交換的機制。當任何人有一發明或創作，為維護其權益，向智慧局提出申請，經過審查認為符合專利法之規定，授與獨占且排他性的專利權，其交換代價即是公開該技術；換言之，明確且詳載技術文件的透明化，才是此制度之重點所在。

新型專利採書面資料審查制度，不會進行前案檢索及是否符合專利要件的實體審查，於是乎，新型專利權的效力存續，存在著極高的不確定性；為維持專利權內容之穩定性，避免因權利內容之變動衍生問題，更正案採取實體審查制度。

（一）更正事項

新型專利權人得就其專利說明書、申請專利範圍或圖式，有刪除請求項、減縮申請專利範圍、訂正誤記或誤譯內容或釋明不明瞭之記載等事項時，得提出更正申請；此外，新型之更正，尚須限於「新型非屬物品形狀、構造或組合者」、公序良俗、揭露形式及揭露要件等情事。簡言之，更正事項不得有實質擴大或變更專利的範圍。

（二）申請時機

發明及設計專利權人經公告取得專利權後至專利權當然消滅前，均得申請更正；唯獨，新型專利權人僅得於特定期間申請更正：❶舉發案件通知答辯、補充答辯或申復期間；❷新型專利權有新型專利技術報告申請案件受理中；❸新型專利權訴訟案件還在等待法院審理中。

（三）舉發中之更正案

專利權人通常遭遇被舉發案件時，一方面著手準備舉發答辯事宜，另一方面採行更正案之申請，作為避免構成專利權被撤銷的策略。舉例來說，當舉發案件於審查期間，專利權人提出更正案之申請，欲透過申請專利範圍的減縮，用更正後的專利內容來規避被撤銷之檢驗要件；經智慧局審查，並認同准予更正時，根據此一新事由，持續擁有專利權之保護。

舉發中之更正，智慧局應將「最新版」的書面文件，包括更正說明書、申請專利範圍或圖式的副本等，再次送達舉發人手中；倘若❶同一舉發案有多次不同版本時，前者視為撤回案件，除非前後版本的更正內容未重疊，且無衝突或不明瞭時，一併處理；❷若是不同舉發案，則將所有資料整併在當下審查中的專利權更正案內，以作為後續各舉發案的審查依據。

（四）製作報告中之更正案

當正在製作新型專利技術報告時，對於該更正案之申請，應如何處理？答：原則上會等更正案審定後，以審定結果作為技術報告的依據，同時，也會保留「更正前」之請求項為比對基礎的情況。

此外，為保障新型專利權人的陳述意見及程序參與權，增設「技術報告引用文獻通知函」制度，要求審查人員若判斷有任一請求項不具新穎性或進步性等要件時，應提供引用文獻資料、指出違反之新穎性或進步性等要件，並標示引用文獻的對應內容，通知專利權人提出說明或補充資料；專利權人除回覆說明外，也可提出補充資料或考慮申請更正。

更正案

申請人	❶專利權人 ❷專利權共有時,「請求項刪除」及「專利範圍減縮」需經全體同意
更正事項	❶刪除請求項、減縮申請專利範圍 ❷訂正誤記或誤譯內容或釋明不明瞭之記載等事項 ❸限「新型非屬物品形狀、構造或組合者」、公序良俗、揭露形式及揭露要件等
申請時機	❶舉發案件通知答辯、補充答辯或申復期間 ❷新型專利權有新型專利技術報告申請案件受理中 ❸新型專利權訴訟案件還在等待法院審理中
更正公告	❶專利權人申請更正專利說明書、申請專利範圍或圖式,經核准更正後,應公告其事由 ❷專利說明書、申請專利範圍及圖式經更正公告後,溯自申請日生效
舉發中更正案	❶遭遇舉發時,除著手準備答辯,可另採申請更正案,避免專利權被撤銷 ❷同一舉發案,有多次不同版本時,前者視為撤回案件;不同舉發案,所有資料整併至專利權更正案中
製作新型專利技術報告中之更正案	❶等更正案審定後,以審定結果作為技術報告對象 ❷「技術報告引用文獻通知函」制度
審查結果	審查結果應作成處分書送達申請人

本條文於2019年修法,限制新型專利得申請更正之期間,並改採實體審查。

❶由於新型專利未經實質審查,為避免新型專利範圍事後透過更正任意更動,從而影響第三人權益,故限制新型專利更正案須於舉發案件審查期間、申復期間、有新型專利技術報告申請案件受理中,或訴訟案件繫屬中之期間內申請,且由形式審查改採實質審查。考量新型舉發案件審查期間,同時併隨著更正案之申請,因雙方已涉及新型專利權實體爭議,再加上更正案已多成為舉發人與專利權人間,行使攻擊防禦之方法;因此,由舉發案之審查人員連同舉發案以實質審查方式合併審查,也就是核准更正與否與舉發案合併作成的規定。

❷明定新型專利更正案無論是否核准,均應作成處分書送達申請人。新型專利之更正,應注意「不得超出申請時說明書、申請專利範圍或圖式所揭露之範圍」、「以外文本提出者,其誤譯之訂正,不得超出申請時外文本所揭露之範圍」且「不得實質擴大或變更公告時之申請專利範圍」等實體要件,否則將構成舉發撤銷之事由。

UNIT **8-9**
新型專利權之舉發

圖解專利法

基於避免不當專利權擾民之窘境,除要求主管機關依其專業性,予以嚴格把關外,還添設另一舉發制度,相似於公審制度,請大家一起來檢視。由此可知,專利舉發就是透過申請動作,將已核准的專利權消滅,或將錯發專利權的影響降至最低,使核准專利更臻於正確無誤。

舉發程序發動後,隨即進入審查階段;舉發審定書,應由專利審查人員具名。舉例來說,舉發程序包括舉發的申請與答辯,一切以書面為原則;且基於調查需求,審查人員得進行一切必要之查證行為,並將結果作成報告,送達雙方當事人。試問,何種事由會構成舉發之要件?答:明文規定之表列事項,可略分三類:

(一)未符合專利要件

自始不符合新型之定義者、法定不予專利之標的、不具備專利之實質要件(如產業利用性、新穎性及進步性等)、不符合說明書、圖式之記載內容或充分揭露方式、補充或修正內容逾越原申請案所揭露之範圍……等;簡言之,本不該給予的專利權,因審查過失而誤給者,任何人得附具證據,向智慧局提出申請,舉發撤銷此「瑕疵」專利。

(二)不受理我國國民專利申請

各國已成為地球村一員,國民待遇是國際慣例中,各國之共識,給予在其國境內之外國人和企業,同等於,國內公民與企業一般相同的待遇;簡言之,我們都是一家人的概念。由此可知,國外申請人之所屬國家,倘若對我國國民之專利申請案,不予受理者,則該外國人之專利申請案,我國智慧局亦不受理;就算不經意下,已取得專利權者,也可由國人申請舉發撤銷。

(三)專利權歸屬有疑慮

舉發人,原則上不設限;除非,涉及到專利權歸屬的問題。換句話說,舉發制度具有公眾輔助審查的性質,任何人均擁有「事後」挑戰專利有效性的權利,只要認為有違反專利法相關規定者,皆得舉發撤銷該專利權。

專利權的歸屬,主要探討「非適格申請權人」之議題,為避免問題複雜化,針對所有權爭議,僅限利害關係人才能提出。然而,何謂利害關係人?答:指其權利因行政處分而受到影響者,如發明人、繼承或受讓人等。舉例來說,最典型的例子不外乎,就職期間所完成之創作,雇用人已申請到專利權,而雇主也主張擁有專利權,故透過舉發制度,來撤銷原專利權人專利權的案例。

🔲 小博士解說

❶專利權之撤銷,應由兩造當事人進行攻擊防禦為原則,不應由專利專責機關發動,其他國家如德、日、韓及大陸地區均是。

❷同一專利權有多件舉發案者,得合併審查。

❸專利專責機關在舉發範圍內,得依職權審查舉發人未提出之理由及證據等規定,不受當事人主張之拘束。

❹舉發之提起,除特定事由外,任何人均得為之。

❺專利權經撤銷確定者,專利權之效力,視為自始不存在。

舉發制度

瑕疵專利

舉發程序

4 審定註銷,專利視自始不存在

3 舉發副本及證據送專利權人

2 舉發書符合程序即進入審查

1 書面方式向智慧局提出申請

★新型專利舉發事由(§119)準用條款,與圖解專利章節之對照

- ■違反第104條(圖解8-1)、第105條(圖解8-1)、第108條第3項(圖解8-4)、第110條第2項(圖解8-5)、第120條準用第22條(圖解3-1)、第120條準用第23條(圖解3-2)、第120條準用第26條(圖解3-5)、第120條準用第31條(圖解3-7)、第120條準用第34條第4項及第6項前段(圖解3-10、3-11)、第120條準用第43條第2項(圖解4-6)、第120條準用第44條第3項(圖解4-6)、第120條準用第67條第2項至第4項規定者(圖解5-12)。
- ■專利權人所屬國家對中華民國國民申請專利不予受理者(圖解1-6)。
- ■違反第12條第1項規定或新型專利權人為非新型專利申請權人者(圖解2-1)。
- 以前項第三款情事提起舉發者,限於利害關係人始得為之。

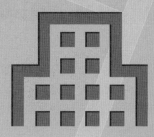

第9章

設計專利

●●●●●●●●●●●●●●●●●●●●●●●●●●●● 章節體系架構 ▼

UNIT **9-1**
設計專利是什麼

設計（Designs），指對物品全部或部分之形狀、花紋、色彩或其結合，透過視覺訴求的創作，包括電腦圖像及圖形化使用者介面。就字面上解讀，設計需具備的要素有：❶物品；❷外觀的形狀、花紋、色彩或相互結合；❸視覺訴求。換句話說，在具體有形的物品外觀上，以花紋或色彩等創作，讓該項物件在視覺中產生新的感受或體驗，藉以提升質感或高價值感，增進商品市場競爭力。

（一）有體物

設計專利保護標的，須具備物品性及視覺性二大要素；換言之，具有一固定型態，能刺激人們的視覺感官，也能被一般消費者獨立交易的物品，才具備申請設計專利的資格。舉例來說，電、聲、光、熱等自然力，因無具體形狀，無法就物品外觀加以設計；再舉一例，大樓外觀或景觀設計，是否也可申請設計專利？符合專利申請要件，如圖式明確且充分揭露該建築物的各角度設計特徵，是可以取得設計專利權之保護。

（二）電腦圖像（Computer-Generated Icons, Icons）

可攜式電子 3C 產品及雲端服務的興起，顯示在螢幕上之「靜」「動」態圖像，因具備可應用於工業產品上，其設計概念與商業價值，漸漸被世界各國所認可；以美國為例，已將電腦圖像納入設計專利的保護範圍，我國也隨即跟進。圖像脫離形成它的電腦就不能單獨存在，圖像所應用之環境是電腦硬體，因此可將它視為是應用在螢幕上的裝飾性設計；簡言之，電腦圖像是螢幕內具有視覺效果之二度空間影像，未附著於電腦者，圖像不予保護。

（三）圖形化使用者介面（Graphical User Interface, GUI）

使用者介面著重在人與物間的互動，透過圖形化的電腦介面，讓使用者以點選的方式來操作電腦；簡言之，採用大量的圖形應用，取代單調呆板的純文字介面。舉例來說，我們想使用 Windows XP 作業系統時，直接點擊滑鼠右鍵於想開啟的應用程式圖案上即可，不需學習繁複且難以背誦的指令，就可以直接對電腦下達命令。

😀小博士解說

❶電腦圖像（Icons）及圖形化使用者介面（GUI），屬暫時顯現於電腦螢幕且具有視覺效果之二度空間圖像（two-dimensional image），通常可通用於各類電子資訊產品中，藉由該產品的顯示裝置而顯現，如透過螢幕（screen）、顯示器（monitor）、顯示面板（display panel）或其他顯示裝置等，即可符合設計必須應用於物品之規定。

❷使用 GUI 及 Icons 之電子產品愈來愈多，其設計也由靜態或平面形式，逐漸發展成動態、動畫，甚至是立體的三度空間（three-dimensional），如美國微軟、Apple、韓國 Samsung、日本 Sony 等國際性公司，為搶得先機，已申請且獲准許多動畫或動態電腦圖像之設計專利。預估不久的將來，智慧型手機與平板電腦的專利戰場，會從實體的產品設計，延伸到虛擬世界的設計專利。

設計專利是什麼

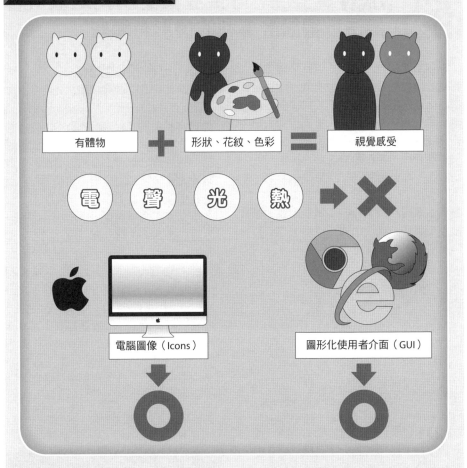

有體物 ＋ 形狀、花紋、色彩 ＝ 視覺感受

電　聲　光　熱 ➡ ✕

電腦圖像（Icons）

圖形化使用者介面（GUI）

知識補充站

■視覺訴求（eye-appeal）

設計是透過視覺訴求的具體創作，也就是藉由眼睛對外界適當刺激，進而能夠辨識或確認的，至於視覺以外的其他感官作用，如聽覺、觸覺等，就不屬於本法保護範疇內；簡言之，設計專利不保護聲音、氣味或觸覺等非外觀的創作。

■部分設計納入保護範疇

❶前提，倘若設計包含多數新穎特徵，而他人只模仿其中一部分特徵時，就不會落入設計專利所保護之權利範圍；如此一來，此缺失將無法周延保護設計。

❷為鼓勵傳統產業對於既有資源之創新設計，另一方面為因應國內產業界在成熟期產品開發設計之需求，強化設計專利權之保護；2011年修法參考日本意匠法第2條、韓國設計法第2條、歐盟設計法第3條等之部分設計（partial design）之立法例，將部分設計納入設計專利保護之範圍。

UNIT **9-2** 可供產業上利用之設計卻無法取得設計專利的情形有哪些

圖解專利法

專利制度是授予申請人專有排他之專利權，以鼓勵公開設計，使公眾能利用該設計之制度；也就是說，我國以促進產業發展為專利之立法宗旨，申請人只要確認當今科技下，專利申請案能加以被實際利用（存在著被製造、被使用的可能），即符合產業利用性。換言之，不合實用、未供產業上利用之設計者，是無法取得設計專利的；舉例來說，無法大量製造，無法以同一造型手法重製再現者，即不具備產業利用性。

符合可供產業利用之設計者，也未必能順利取得專利之保護，為何？其來有自，以下簡述之：

（一）未具新穎創新

對於申請專利前相同或近似之設計已公開而能為公眾得知，或已揭露於另一先申請案之設計，無授予專利之必要。專利制度既為產業之發展，眾所周知，就必須對現有的技術層次，有所提升或助益才行；換句話說，早已從其他管道得知該設計內容者，無須賦予專利權，增加社會成本的必要。舉例來說，申請前有相同或近似的設計，已見於刊物者、已公開實施者，或已為公眾所知悉者，甚至在所屬技藝領域中，具有通常知識，憑經驗對申請之設計，已有相同或近似的視覺印象者，皆無法取得設計專利。

除非，專利申請人主張優惠期制度，或許還有取得專利權之機會。何謂優惠期制度？答：申請人自願或非自願行為下，欲申請之專利已被公開，此時，六個月內都還擁有可申請專利權之權利。簡單來說，只要不是公開在專利公報上，已「公開」的情況，並不會受到新穎性規範所約束。

（二）已有相似設計

申請專利之設計與申請在先而在其申請後始公告之設計專利申請案所附說明書或圖式之內容相同或近似者，亦不得取得設計專利；換句話說，採行先申請制度的我國，當有二者相似的設計專利案，先後向智慧局提出申請時，理應就最先申請者，准予專利。舉例來說，設計專利案向智慧局提出申請後，經過一定時間審查，才能公開其設計內容，倘若因時間差，申請案已進入審查卻在公告前，突然有另一相似設計申請案提出，非常有可能會發生同一或相似之設計，分別授予前後不同人的狀況；為此，專利法明文規定，後設計專利申請案，其所附說明書或圖式的內容，與先前申請案相同或近似，易產生誤認或混淆者，不得取得設計之專利。依此反推，先申請案與後申請案為同一人者，並無重複授予專利權的疑慮，故不在此限。

🔲 小博士解說

「產業利用性」、「新穎性」、「進步性」為專利三要件，主要用來界定發明物是否擁有，或擁有何種專利標的之範疇；理所當然，欲申請設計專利，亦須符合此項規定。然而，設計專利是以物品外觀來從事創作，故，並無發明或新型的進步性概念；簡言之，「創新」替代「進步」。

何謂創新？倘若該設計特徵，顯然是模仿自然界型態、著名著作，或直接轉用其他習知之理念，並未產生特殊或特別之視覺效果者，不具創作性；簡言之，有別以往，給人耳目一新之新感受，即具創新。

專利要件缺一不可

產業利用性　　新穎性　　創新性

無法取得設計專利的情形

未具創新　　　相似設計

 ★先前技藝

❶不包括在申請日及申請後始公開或公告之技藝及申請在先而在申請後始公告之設計專利申請案。應注意者，審查創作性時之先前技藝並不侷限於相同或近似的物品。

❷應涵蓋申請前所有能為公眾得知（available to the public）之資訊，並不限於世界上任何地方、任何語言或任何形式，例如文書、網際網路或展示等，惟於審查新穎性時，可作為比對之先前技藝僅限於相同或近似物品的技藝領域。

❸能為公眾得知，指先前技藝處於公眾可得接觸並獲知其實質內容的狀態，不以公眾實際上已真正獲知其實質內容為必要。

❹負保密義務之人所知悉應保密技藝不屬於先前技藝，因公眾無法接觸或獲知該技藝之實質內容，其僅為負有保密義務之人所知悉而處於未公開狀態；惟若其違反保密義務而洩漏技藝，以致該技藝之實質內容能為公眾得知時，則該技藝屬於先前技藝。

❺所稱保密義務，不僅指契約明定之約定保密義務，尚包含社會觀念或商業習慣上認為應負保密責任之默契保密義務，例如公司行號所屬之職員對於公司事務通常負有保密義務。

UNIT 9-3
不予設計專利的情形

圖解專利法

專利制度目的是透過專利權授予,保護、利用發明與創作,進而促進國家產業發展;對於不符合國家、社會之利益,或違反倫理道德設計者,理應不予專利。換句話說,就算符合專利的要件或設計的定義,也有可能被法律明文規定「不准」,仍無法取得專利的保護。一般而言,不予設計專利的情形有:

(一)純功能性設計

物品造型特徵,純粹是因應本身或另一物品的功能或結構,即為純功能性設計。舉例來說,螺釘與螺帽、鎖孔與鑰匙,造型僅取決於刻槽或齒槽等配合度,毫無設計感可言;又譬如說,電風扇的扇葉,該造型主要是為降低風阻,而非特別的設計,理當無法申請設計專利的保護。

反之,純功能考量外,還內含設計理念者,就可申請之;舉例來說,積木、樂高玩具或文具組合等,這類物品的設計,不單單只考量其功能性,物品部分的基本形狀,或設計之最終目的,是為此類物品能夠在模組系統中,多元組合或互相連結等,就可依各組件為審查對象,申請設計專利;依此類推,電風扇之外觀,有特別的圖樣、色彩或裝飾,有益提升整體造型質感者,也可申請之。

(二)純藝術創作

純藝術屬個人陶冶性情的精神創作,著重思想與情感的文化層面,主觀地成為個人抒發情感的出口,故,往往都是單一或數量稀少的作品;就裝飾用途之擺飾物而言,無法提升工業技術,或促進產業競爭之層級,有違專利制度的最初宗旨。據此,觀賞性為主的創作,應排除於專利保護之外;反之,倘若美術著作或美術工藝品,可經由工業程序大量複製者,不論是以手工或機械製造,都可申請設計專利。

(三)電路布局

電路布局,是指在積體電路上之電子元件,及接續此元件導線的平面或立體設計,主要在其功能性配置,而非視覺性的創作,故不得准予設計專利。不可不知,我國已於民國 84 年 8 月 11 日制訂公布「積體電路電路布局保護法」,並於隔年 2 月 11 日始得依此法,對相關積體電路之電路圖加以保護。

(四)妨害公序良俗

基於維護倫理道德,排除社會混亂、失序、犯罪及其他違法的行為,凡有違害公共秩序、善良風俗之虞,依法均列入不予專利之項目;舉例來說,猥褻、淫穢的設計,或圖解中所記載不良暗示女性身體等這類型創作,均有可能會影響國家與社會的安定,不應准予專利。

😊 小博士解說

著作權法 vs. 專利法

純藝術創作或美術工藝品,都是透過視覺訴求來加以創作,套用至兩法間,最大差別在於,設計專利必須應用於物品之外觀,供產業上利用,即謂有體物;藝術著作本質著重欣賞,僅講求美感之價值。再者,設計專利需透過申請程序,准許後才擁有專屬權;藝術著作以創作當下,即享有著作權法之保障。

不予設計專利的情形

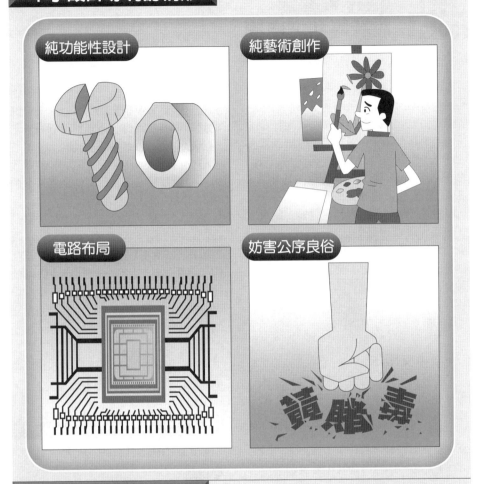

純功能性設計

純藝術創作

電路布局

妨害公序良俗

著作權法vs.專利法

著作權法	專利法
透過視覺訴求來加以創作	透過視覺訴求來加以創作
純藝術創作或美術工藝品	美術工藝品
有無實體不限	有體物
本質著重欣賞，僅講求美感之價值	應用於物品之外觀，供產業上利用
創作當下，即享有著作權法之保障	申請程序，准許後才擁有專屬權

UNIT **9-4**
設計專利之申請

圖解專利法

設計經申請、審查程序，授予申請人專有排他權限，以茲鼓勵與保護該專利；為達成前述立法目的，端賴說明書及圖式明確且充分揭露，使該所屬技藝領域中，具有通常知識者，能瞭解並據以實現；也就是說，透過說明書及圖式的解說，不但可確保保護範圍，還可間接帶動設計產業的發展。

申請設計專利，經專利申請權人備具申請書、說明書及圖式，向智慧局申請，即可。看似簡單的申請流程，實務上應注意事項還真是不少；為能更有效率地取得設計專利權，以下，我們將針對特定程序的細節，或申請書、圖說等文件的撰寫技巧，加以討論。

（一）中文版本

我國專利法明文規定，說明書及圖式應以中文本為主；申請時未以中文本者，應於智慧局指定期間內補正中文本。換句話說，以外文本提出專利申請案，智慧局會先「暫時」受理此案，待申請人於指定期間內補齊；倘若期限已到仍未補正者，該申請案不予受理。為何「先行」受理申請案呢？主要還是考量到搶先申請日的認定。

（二）申請認定日

智慧局受理申請人之書面文件日，稱之為申請日；也就是說，以申請書、說明書及圖式齊備之日為申請日。由於申請日之認定，直接關聯到專利保護期限的計算，實為重要；倘若，文件有所欠缺或遺漏時，該日期應如何認定？答，以文件補齊日為申請日；再假設，申請人未於期限內補送，但在處分前補正者，又該如何認定？答，以補正之日為申請日，原先申請的案件視為未提出。

（三）文件撰寫技巧

書面審查在先，換言之，文件撰寫之良窳，聯繫著申請案成功與否。一份好的設計專利說明書，應包括：❶設計名稱；❷物品用途；❸設計說明；上述三部分的內容應明確且充分載明，使該設計所屬技藝領域中，具有常識者，參酌內容即可瞭解，並可具體實踐。

圖式，是設計專利之必要文件，亦是確認專利範圍的法律文件，有鑑於此，圖式揭露方式應更為謹慎，盡量遵循簡潔明瞭、範圍明確二大方向。舉例來說，圖式應具備足夠的視圖，充分描述所主張的設計外觀，也就是說，立體設計者應包含立體圖，連續平面設計者則應包含單元圖，一目瞭然的意思；其二，將圖式中主張設計的部分，與不主張設計的部分，清楚區隔，以利解讀其創作範圍。

小博士解說

有關圖式細節，專利法施行細則另定：

❶視圖

得為立體圖、前視圖、後視圖、左側視圖、右側視圖、俯視圖、仰視圖、平面圖、單元圖或其他輔助圖。

❷工法

參照工程製圖方法，墨線圖、電腦繪圖，甚以照片方式呈現，均可；重點在於各圖縮小至三分之二時，仍得清晰分辨圖式中之各項細節。

❸色彩

主張色彩者，前項圖式應呈現其色彩；敘明所有指定色彩之工業色票編號，或檢附該色彩樣本作為色卡。

❹範圍

標示為參考圖者，不得用於解釋設計專利權之範圍。

設計專利申請

設計專利申請

- 申請書
- 說明書
- 圖式

圖式重點

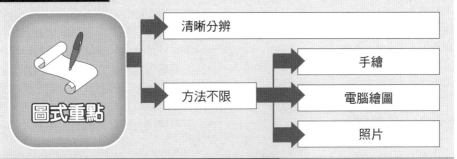

圖式重點

- 清晰分辨
- 方法不限
  - 手繪
  - 電腦繪圖
  - 照片

專利法施行細則規定圖式細節

視圖	得為立體圖、前視圖、後視圖、左側視圖、右側視圖、俯視圖、仰視圖、平面圖、單元圖或其他輔助圖
工法	參照工程製圖方法；各圖縮至三分之二時，仍得清晰分辨圖式中之細節
色彩	主張色彩者，前項圖式應呈現其色彩；敘明所有指定色彩之工業色票編號，或檢附該色彩樣本作為色卡
範圍	標示為參考圖者，不得用於解釋設計專利權之範圍

知識補充站 ★「可據以實現」要件

專利法規定「使該設計所屬技藝領域中具有通常知識者，能瞭解其內容，並可據以實現」，指說明書及圖式應明確且充分揭露申請專利之設計，使該設計所屬技藝領域中具有通常知識者，在說明書及圖式二者整體之基礎上，參考申請時之通常知識，即能瞭解其內容，據以製造申請專利之設計。

設計之圖式必須符合「可據以實現」要件，亦即設計之圖式必須備具：❶足夠之視圖，以充分揭露所主張設計之外觀；❷各視圖應符合明確之揭露方式，使該設計所屬技藝領域中具有通常知識者，能瞭解申請專利之設計的內容，並可據以實現。

UNIT *9-5*
設計專利及其衍生專利

圖解專利法

同一人有二個以上近似的設計，得申請設計專利及其衍生設計專利。設計專利，主要侷限在「附著」或「形成」物體的外觀上，用視覺即可明辨形狀或裝飾的差異性；然而，實務上在開發新產品時，常在同一設計概念下，衍生出多個近似的產品設計。本著，欲提升創作人動機，擴大創作空間之美意，設計專利及其衍生設計專利，應給予同等的保護效果。

何謂衍生設計？相關規定為何？以下簡述之。

（一）衍生設計

衍生設計之構成要件是，衍生設計必須近似於原設計；換句話說，衍生設計與原設計間，至少具有一個相同的設計元素；因為至少有同一元素下，才能比較衍生設計與原設計是否近似。「近似」，從何判斷？主要判斷原則在於，審查人員必須模擬普通消費者選購商品的觀點，以整體設計為對象，而非就商品的局部設計，逐一進行觀察、比對，客觀判斷與其先前技藝是否相同或近似；倘若該類物品通常需藉助儀器觀察，如鑽石、發光二極體等，也得視為肉眼能夠辨識、確認的視覺效果。

簡言之，把自己當成一般民眾來觀察，有沒有近似於原設計，若設計的特徵一樣或差不多，則判定屬衍生設計；判斷態樣有三：❶近似之外觀應用於相同之物品；❷相同之外觀應用於近似之物品；❸近似之外觀應用於近似之物品。

（二）申請期限

❶原設計申請日後

衍生設計申請日，不得早於原設計之申請日；主要考量點在於，先有原設計才有衍生設計，贈品理當不得取代正品，故，附著之衍生設計的申請時間，想當然爾，必須明定在原設計申請日之後。

❷原設計公告日前

專利一經公告後，第三人即可自由取得該資訊，倘若有心人士得知該設計特徵，或其專利範圍，加以迴避設計再行創作，將會形成保護之漏洞；為阻擋第三人迴避設計的創作，或仿傚創作，有其爭議性，不僅違背專利公開制度之目的，更削弱公示性之意義。故，明文規定，申請衍生設計專利者，在原設計專利公告後，不得為之。

（三）申請限制

同一人不得就與原設計不近似，僅與衍生設計近似之設計，申請為衍生設計專利；換句話說，衍生專利，本質上就是近似原設計專利之設計，對於原設計專利而言，是屬於權利範圍的擴張，實在不宜毫無限制，任其主張專利保護之範圍。簡言之，衍生設計僅能由原設計專利衍生，不得就衍生設計，來申請「再次」衍生或「三次」衍生之設計。

審查衍生設計時，倘若原設計經審查不予專利確定，此時，申請人應將近似原設計之衍生設計「改請」為設計；若申請人未改請，應通知申請人為之，屆期未改請者，則以不符衍生設計之定義為理由，予以核駁審定。換言之，原設計准予專利，近似的設計才能有所依據，才可申請衍生設計專利。

衍生專利

近似外觀相同物品

相同外觀近似物品

近似外觀近似物品

知識
補充站

❶產業界在開發新產品時，通常在同一設計概念發展出多個近似產品設計，或是產品上市後由於市場反應而為改良近似之設計，為考量這些同一設計概念下近似之設計，或是日後改良近似之設計具有與原設計同等之保護價值，應給予同等之保護效果。

❷爰參考美國設計專利同一設計概念與日本意匠法中關聯意匠之法律規定，明定同一人以近似設計申請專利時，應擇一申請為原設計專利，其餘申請為衍生設計專利。

❸由於每一個衍生設計都可單獨主張權利，都具有同等之保護效果，且都有近似範圍，故衍生設計專利與舊法中聯合新式樣專利，在保護範圍、權利主張及申請期限有顯著之差異，爰將此一新之近似設計保護制度稱為「衍生設計專利」。

❹本條文規定為2011年新增，明定衍生設計專利之申請要件及其限制。

UNIT 9-6
申請日與優先權日

　　為鼓勵創作人儘早將設計專利公開揭露，當有相同或近似設計案申請競合時，原則上，給最先提出申請案者；換句話說，以申請日期的先後來判定，賦予最先申請者專利之保護，即謂先申請主義。由此觀之，申請日之認定對一申請案而言，實為重要；依法明定，文件「齊備」日視為申請日，也就是說，申請人光向智慧局提出申請還不算，要確保文件齊全且內容完整之日，才視為申請日。

　　為避免相同的專利，重複給予不同的申請人，決定以申請日期之前後順序，來判定給誰，此為大原則；然而，凡事皆有例外，例外情形又為何？

（一）優先權日

　　優先權日不是申請日。屬地主義下的專利制度，使得各申請人欲擁有各國之專利保護，必須採行周遊列國式地申請程序。為避免創作人因各國間申請制度上的差異，或前後時間差因素，導致喪失新穎性，無法滿足專利要件；凡巴黎公約會員國間，彼此認可優先權制度，將第一次申請案之申請日，擬視為申請其他國家專利保護時，適用之申請日，稱為優先權日。

　　當申請日碰上優先權日時，應如何取決？單就本質而言，理所當然是由最早申請者取得其專利權；舉例來說，2022 年 1 月 1 日多啦 A 夢已於日本提出竹蜻蜓之設計申請案，五個月後正式來台提出申請，就算此時發現，早在同年 3 月 1 日已被小叮噹捷足先登，向台灣的智慧局提出申請，多啦 A 夢仍可主張，優先權日早於先申請者之申請日，獲准台灣的設計專利權。

（二）強迫協商

　　假設，同一設計、同日申請，連優先權日也相同，一連串的巧合，總不能以申請送件之時間先後來判定吧！此時，智慧局採行硬性規定，通知雙方當事人就專利權之歸屬進行協商，並於指定期間內決議，將協議結果回報給智慧局，屆時未回報者，不予專利；商議破局者，也不准予專利。基於成本和效益的考量，半強迫式的協商機制，可讓雙方在某期限內迅速達成共識，節省社會資源。

　　例外狀況，❶原設計專利申請案與衍生設計專利申請案間；❷同一設計專利申請案，有二件以上之衍生設計專利申請案，在這二件衍生設計專利申請案間；符合上述二種狀況者，就不需理會申請日與優先日之判別。舉例來說，原設計與衍生設計申請案均為同一人，申請准予後，都是自己的專利案，不會產生權利互撞的情形，當然不需理會強迫協商之規定；然而，雖不用與人協商，但為符合一項設計僅能授予一項專利權之原則，申請人有相同或近似二個申請案時，仍需遵守，限期內擇一申請之規定。

😊 小博士解說

得主張國際優先權之申請案

❶不得早於協議生效日：WTO 會員（含延伸會員）、互惠國領域內第一次申請相同技藝之專利申請案，其第一次申請日不得早於該 WTO 會員（延伸會員）加入 WTO 之日期，或互惠協議之生效日。

❷國際或區域性條約提出之申請案：我國依智慧財產權所締結之多邊或區域性條約、公約或協定者，其指定國之國內法規定，視為合格之國內申請案。例如：依專利合作條約（PCT），或歐洲專利公約（EPC）提出之設計專利申請案。

優先制度

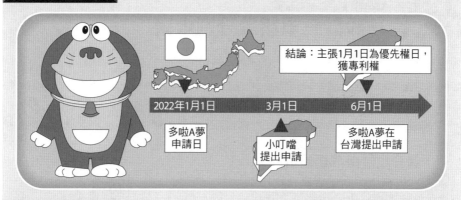

結論：主張1月1日為優先權日，
獲專利權

2022年1月1日 ── 3月1日 ── 6月1日

多啦A夢
申請日

小叮噹
提出申請

多啦A夢在
台灣提出申請

強迫協商

例外

❶ 原設計與衍生設計間

❷ 二件以上之衍生設計案

強迫協商

■先申請原則之規定（§128）

專利權之專有排他性係專利制度中的一項重要原則，故一項設計僅能授予一項專利權。
相同或近似之設計有二以上專利申請案時，僅得就其最先申請者准予設計專利。如申請
日或優先權日為同日者，則應通知申請人協議定之，協議不成時，均不予設計專利；如
申請人為同一人時，則應通知申請人限期擇一，屆期未擇一申請者，均不予設計專利。

■不適用先申請原則（§128④）

同一人以近似之設計申請專利時，得申請為衍生設計專利，因此，本質上，先申請原則
於原設計專利申請案與衍生設計專利申請案間，或原設計專利申請案有二以上衍生設計
專利申請時，該數衍生設計專利申請案間，則不適用專利法第128條第1項至第3項先申
請原則之規定。

■不得作為先申請原則之引證文件

設計為透過視覺訴求之創作，其與發明或新型為技術思想之創作不同，因此，無論是設計
與發明之間，或設計與新型之間，均無重複授予二相同專利之虞，故發明或新型申請案，
不得作為審查設計後申請案先申請原則之引證文件。

UNIT **9-7**
一設計一申請與分割申請

一設計一申請原則,眾所皆知;但要如何斷定屬於單一之設計?或申請後是否可再行分割之申請?都有其探討的空間。

(一)部分設計與成組設計

設計專利針對「部分」物體,給予局部性創作的保護,因此,創作人提出申請案時,應特別指定所施予之物品範圍,愈明確愈好;舉例來說,設計名稱應記載為「刮鬍刀握柄前端之花紋設計」。

再者,日常生活中「成組」的設計產品相當普遍,如一組對杯(茶杯與杯蓋)、一雙鞋子(左右成雙)、一副撲克牌(複數構成一特定用途)等;為順應民情且符合實務上的操作,專利法亦明文規定,二個以上之物品,屬於同一類別,且習慣上以成組物品販賣或使用者,得以同一設計提出申請。

(二)分割法定期間

分割案申請書,本可套用原申請案之申請日,原申請案已有主張優先權、優惠期者,分割案亦得主張延用。此話怎講,分割申請案等同於申請案之細分,屬一案分兩案的型態,與原申請案相去不遠,可相互援用。唯獨需特別留意之處,分割申請時限,應於原申請案再審查審定之前;主要考量審查程序耗時費力,再者,為避免影響到專利要件之判斷,原則上,只要在一切最終結果尚未出爐之前,即再審查審定前,均可准予提出分割申請案。

(三)分割申請程序

凡申請案尚屬申請審查階段,即容許申請人有變更選項之權利,但不得變更原申請案的專利種類。欲申請分割者,每一分割案,應備具下列申請文件:❶分割申請書;❷分割案之說明書及圖式;❸援用原申請案之優惠期主張者,相關證明文件。

分割後之申請案,應就原申請案已完成之程序,接續進行審查。舉例來說,申請案初審被駁回,不服氣的申請人通常會提起「再審查」程序,並繳納再審查規費,使原申請案繫屬於再審查階段,才可提出分割申請;此時,申請人應特別著重書面文件的撰述,智慧局就先前已完成的程序,將不再重複審查,以達迴避初審核駁之理由,期許能順利取得設計專利權。

(四)成組專利之分割

從成組專利定義來看,成組專利應於申請日,將整組創作一起提出申請;倘若,申請人欲將成組設計申請分割,是否可行?回歸原始觀念,成組設計本來就是二個以上的設計,應分別申請之,但考量成組設計因習慣上是一起使用或販賣,有其特殊性,故特別通融得以一案申請;換句話說,申請設計專利,實質上為二個以上之設計時,得經智慧局通知,或由申請人自行申請分割,此時的成組設計將會構成衍生設計專利,或是另一新設計專利申請案。

成組設計專利可申請分割;反推,如其中一組已於申請前,有相同或相似之設計者,是否可申請為成組設計專利?答,新穎與創新之規定,適用於所有設計專利的類型,因此,成組設計中,如有一組成物已與先前設計相同或相似者,是無法滿足新穎性之要件,易予駁回;倘若同一申請者,則不在此限。

部分設計

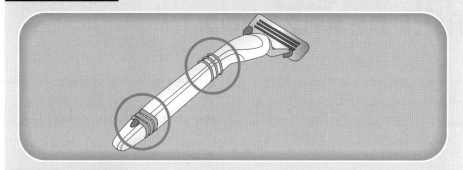

成組設計

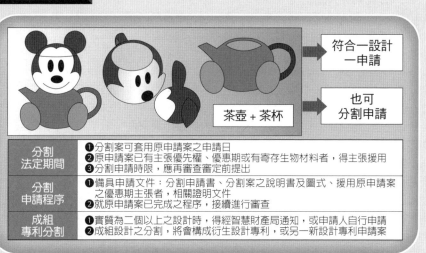

		符合一設計 一申請
	茶壺＋茶杯	也可 分割申請

分割 法定期間	❶分割案可套用原申請案之申請日 ❷原申請案已有主張優先權、優惠期或有寄存生物材料者，得主張援用 ❸分割申請時限，應再審查審定前提出
分割 申請程序	❶備具申請文件：分割申請書、分割案之說明書及圖式、援用原申請案 之優惠期主張者，相關證明文件 ❷就原申請案已完成之程序，接續進行審查
成組 專利分割	❶實質為二個以上之設計時，得經智慧財產局通知，或申請人自行申請 ❷成組設計之分割，將會構成衍生設計專利，或另一新設計專利申請案

■國際工業設計分類表
　❶審查人員應依設計名稱所指定之物品，並對照圖式之內容及物品用途之記載，依「國際工業設計分類表」指定其類別編號。
　❷該類別編號應包括大分類號（classes）、次分類（subclasses）號及英文版物品序號，如26-04 B0609。
　❸若該設計為物品之組件者，應指定該組件之類別編號，但「國際工業設計分類表」未有明訂特定之類別時，其類別編號應與該物品相同。
■一設計一申請：名稱之規定
　❶申請設計專利，應就每一設計提出申請，設計名稱不得指定一個以上之物品，例如指定為「汽車及汽車玩具」或「鋼筆與原子筆」，此時，將會以不符合一設計一申請為理由，通知申請人限期修正或分割申請。
　❷兩種以上用途並列，例如「收音機及錄音機」，若該物品為單一物品兼具該兩種用途時，應指定為「收錄音機」；但例如「汽車及汽車玩具」，因該物品不可能單一物品兼具該兩種用途，應以不符合一設計一申請之規定，通知申請人限期修正或分割申請，並分別指定為「汽車」、「汽車玩具」。

UNIT *9-8*
設計專利之改請申請

分割申請，不得變更原專利種類；欲變更專利種類者，則應另提設計專利之改請案。換句話說，申請人提出專利申請後，認為有其必要者，得於法定期間內提出改請之申請，其種類與相關規定如下：

（一）相同專利種類

❶**申請人**：改請案應與原申請案之申請人相同；專利申請權為共有者，申請改請時，應共同連署，約定有代表者，從其約定。舉例來說，申請人不同時，應辦理申請權讓與登記，讓兩案申請人相同，倘若屆期未補正者，改請之申請，不予受理。

❷**申請種類**：設計專利改請衍生設計專利案；或衍生設計專利改請設計專利案。

❸**申請日**：以原申請案之申請日，為改請案之申請日。

❹**申請時限**：原申請案審定前；若原申請案已遭撤回、拋棄或不受理時，不得申請之。舉例來說，原申請案准予專利之審定書送達後，或原申請案不予專利之審定書送達逾二個月後；原申請案已宣告終結，已無法再依附原申請案來提出申請。

❺**申請文件**：應檢送改請申請書、說明書及圖式；原申請案之委任書、優先權證明、優惠期等文件，因已於原申請案內，毋庸再行檢送。

❻**範圍限制**：改請後之設計或衍生設計案，不得超出原申請案說明書或圖式所揭露之範圍。

（二）不相同專利種類

❶**申請人**：改請案應與原申請案之申請人相同；專利申請權為共有者，申請改請時，應共同連署，約定有代表者，從其約定。

❷**申請種類**：發明或新型專利改請設計專利案，或設計專利改請新型專利案。

❸**申請日**：以原申請案之申請日，為改請案之申請日。

❹**申請時限**：原申請案審定或處分前；若原申請案已遭撤回、拋棄或不受理時，不得申請。舉例來說，原申請案准予專利之審定書（處分書）送達後、原發明專利申請案之不予專利之審定書送達逾二個月後，或原新型專利申請案之不予專利之處分書送達逾三十日後；原申請案已宣告終結，已無法再依附原申請案來提出申請。

❺**申請文件**：原申請案改請為發明或新型者，應檢送改請申請書、說明書、申請專利範圍及圖式；改請為設計者，應檢送改請申請書、說明書及圖式。原申請案之委任書、優先權證明、優惠期或生物材料寄存證明等文件，因已於原申請案內，毋庸再行檢送。

❻**範圍限制**：改請後之申請案，不得超出原申請案申請時說明書、申請專利範圍或圖式所揭露之範圍。

（三）反覆改請之規定

原申請案一經改請，且已進入實體審查階段，發出第一次審查意見通知，基於「禁止重複審查」原則，不得申請將改請案再改請原申請案之種類；舉例來說，設計改請新型後，再申請改回設計案；獨立設計改請衍生設計後，再申請改請獨立設計案；或者是衍生設計改請獨立設計後，再申請改請為原設計之衍生設計案。除非，並無重複審查之情事，得受理其改請，譬如衍生設計經改請為獨立設計，再改請為獨立設計之衍生設計案。

改請申請

改請專利種類比較表

	相同專利種類	不相同專利種類
申請人	❶改請案應與原申請案之申請人相同 ❷原申請案之專利申請權為共有者，應共同連署	
申請種類	❶設計專利改請衍生設計專利案 ❷衍生設計專利改請設計專利案	發明或新型專利改請設計專利案
申請日	套用原申請案之申請日	
申請時限	❶原申請案准予專利之審定書送達後 ❷原申請案不予專利之審定書送達逾二個月後 ❸原申請案已宣告終結	❶原申請案准予專利之審定書（處分書）送達後 ❷原發明專利申請案之不予專利之審定書送達逾二個月後 ❸原新型專利申請案之不予專利之處分書送達逾三十日後 ❹原申請案已宣告終結
申請文件	❶改請設計專利案者，應檢送改請申請書、說明書及圖式 ❷原申請案之委任書、優先權證明、優惠期等文件，毋庸再行檢送	❶原申請案改請為發明或新型者，應檢送改請申請書、說明書、申請專利範圍及圖式 ❷改請為設計者，應檢送改請申請書、說明書及圖式 ❸原申請案之委任書、優先權證明、優惠期或生物材料寄存證明等文件，毋庸再行檢送
範圍限制	不得超出原申請案申請時，其說明書或圖式所揭露之範圍	
反覆改請之規定	❶「禁止重複審查」之原則 ❷進入實體審查階段，不得申請將改請案再改請原申請案之種類 ❸無重複審查之情事者，得受理	

UNIT *9-9*
審定不予專利的情形

當任何人有一創作，為維護其權益，向智慧局提出申請，經過一連串審查程序後，認為符合專利法規定者，授予專屬權之保護，這權利就是專利權；換言之，不符合審查標準或事項時，不予專利。以下探討不予專利的情形有哪些？

（一）不符定義或要件

❶**定義，缺一不可**。設計，指對物品之全部或部分之形狀、花紋、色彩或其結合，透過視覺訴求的創作；應用於物品的電腦圖像及圖形化使用者介面，得依法申請設計專利。

❷**要件，必須符合**。產業利用性、新穎性、創作性，為設計專利之三要件，理所當然，欲申請專利之保護者，須符合上述的規定；欲申請衍生設計專利，與成組設計專利類別者，顧名思義，也需特別注意各自的申請要件。

❸**文件，資料齊備**。說明書及圖式等書面資料，因身負充分揭露之要責，文字敘述不符合可據以實現者，或無法明確且完整記載者，因無法被實際利用，有違專利制度的理念，理當不予專利。

（二）法規明定事項

專利制度旨在鼓勵與保護，甚善用發明設計的創作，以利促進產業之發展；對於不符合國家社會利益，或違反倫理道德之設計者，毫無疑慮，不予專利。我國專利法第 124 條明文規定，下列各款，不予設計專利：

❶純功能性之物品造型。
❷純藝術創作。
❸積體電路電路布局及電子電路布局。
❹物品妨害公共秩序或善良風俗者。

（三）違反申請原則

❶**一設計一申請**

排他性是專利制度中，一項非常重要的原則，故一項設計僅能授予一項專利權；舉例來說，一件申請案同時擁有二個設計專利時，應通知申請人限期擇一，屆期未做出選擇者，該申請案不予設計專利。

❷**先申請原則**

相同或近似之設計有二件以上專利申請案時，僅得就最先申請者准予；舉例來說，如申請日或優先權日為同日者，應通知申請人協議，協商不成時，不予設計專利。

（四）格式違反規定

智慧局發現，說明書或圖式有修正必要，或申請人所提之修正本不符規定時，原則上，理應先通知申請人限期申復，不得逕行核駁審定；倘若屆限未申復或修正者，依規定不予專利。常見事項有：

❶改請後之設計或衍生申請案，超出原申請案申請時所揭露之範圍。
❷補正之中文本，超出申請時外文本所揭露之範圍。
❸分割後之申請案，超出原申請案申請時所揭露之範圍。
❹修正超出申請時所揭露之範圍。
❺誤譯之訂正，超出申請時外文本所揭露之範圍。

不符定義或要件

不符定義或要件

有體物＋形狀、花紋、色彩＝視覺感受

產業利用性、新穎性、創作性

申請書、說明書及圖式

法規明定事項

法規明定事項

純功能設計

純藝術創作

電路布局

違反公序良俗

違反原則規定

違反原則規定

❶一設計一申請原則

❷先申請原則

❸文件格式規定

■先申請原則

❶相同或近似之設計有二個以上申請案（或一專利案一申請案）時，無論申請日前後，或是否同一人申請，僅能就最先申請者准予專利，不得授予二個以上專利權，以排除重複專利。

❷申請前，指設計申請案申請當日之前，不包含申請日；主張優先權者，則指優先權當日之前，不包含優先權日。

❸就申請人與申請日之態樣交叉組合，計有下列四種情況：
- 同一人於同日申請，適用先申請原則。
- 不同人於同日申請，適用先申請原則。
- 同一人於不同日申請，適用先申請原則。
- 不同人於不同日申請，先申請案在後申請案申請日之前尚未公告，而於後申請案申請日之後始公告者，後申請案之審查適用「擬制喪失新穎性」。

❹小結：不同日申請之情況，若先申請案在後申請案申請日之前已公告者，後申請案之審查優先適用新穎性要件。

UNIT **9-10**
設計專利權

　　專利之種類，各國規定並不相同，依我國現行專利法規定，專利分為發明、新型及設計三種制度。設計專利權，既屬專利種類之一，理應與其他二者（發明專利、新型專利）所享之專屬權，大同小異；實則不然，設計之特殊性，既可納入專利權法保護，又符合著作權法所賦予之保障，同中求異下，其相關規定必有所出入。以下，將針對設計專利權探討之。

（一）存續期間

　　參酌世界各國的相關制度，同時依據我國實務上，考量產品生命週期、盈餘與折舊間回本期，或技術相關保護年限等因素；設計專利存續期間，自申請日起算十五年屆滿；衍生設計專利權期限，與原設計專利權期限，同時屆滿。舉例來說，竹蜻蜓申請日為 2022 年 1 月 1 日，有效截止日為 2036 年 12 月 31 日；一年後，同一設計概念下衍生出迷你竹蜻蜓，並於 2023 年 1 月 1 日向智慧局申請專利，其屬衍生設計之專利權，存續期間依舊維持至 2036 年 12 月 31 日截止。

（二）權利範圍

　　設計專利權範圍以圖式為準，並得審酌說明書；換言之，以圖式所揭露的內容為基礎，認定設計所主張的外觀保護。舉例來說，一張圖式內容通常會包含「主張」及「不主張」設計兩部分，該如何判定其申請的專利範圍呢？答，原則上，以圖式所主張的設計部分為主，再者，參考所記載的物品名稱，也可對照物品用途說明書，據此來認定設計專利之保護範疇。簡言之，圖式界定申請範圍。

　　惟應特別注意的是，假設圖式中若已「標示」為參考圖者，則不得用於解釋申請設計專利之範圍。

（三）使用權限

　　設計專利權人擁有專屬排除他人未經同意，而實施該設計或近似該設計之權；換句話說，專利權人得禁止，或排除他人實施的權力，凡未經同意行使「製造」、「為販賣之要約」、「販賣」、「使用」、「進口」等行為，都會構成專利權之侵害。除非，有強制授權的事由，例如：因應國家緊急情況、增進公益之非營利使用……等。

小博士解說

　　圖式所揭露之設計，「須」於設計說明欄，簡要敘明：
❶圖式揭露內容包含不主張設計之部分。
❷圖像設計有連續動態變化者，應敘明變化順序。
❸各圖間因相同、對稱或其他事由而省略者。

　　圖式所揭露之設計，「得」於設計說明欄，簡要敘明：
❶有因材料特性、機能調整或使用狀態之變化，而使設計之外觀產生變化者。
❷有輔助圖或參考圖者。
❸以成組設計申請專利者，其各構成物品之名稱。

設計專利權

存續期間

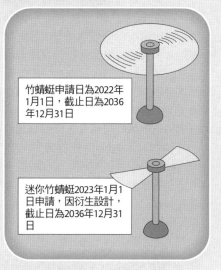

竹蜻蜓申請日為2022年1月1日，截止日為2036年12月31日

迷你竹蜻蜓2023年1月1日申請，因衍生設計，截止日為2036年12月31日

權利範圍

三視圖

知識補充站

■設計專利權範圍，以圖式為準，並得審酌說明書
　　設計之圖式係界定申請專利之設計的主要基礎，於解釋申請專利之設計時，應綜合圖式中各視圖（包含立體圖、六面視圖、平面圖、單元圖或其他輔助圖）所揭露之點、線、面所構成一具體設計，並得審酌的說明書中文字記載之內容，據以界定申請專利之設計的範圍。
■依序說明如下：
❶圖式所揭露內容：認定申請專利之設計，主要係以圖式所揭露之物品及外觀為之。
　●圖式所揭露之內容包含「主張設計之部分」及「不主張設計之部分」者。
　●主張設計之部分，界定外觀。
　●不主張設計之部分，用於解釋該外觀與環境間之位置、大小、分布關係，亦可用於解釋申請專利之設計所應用之物品。
❷說明書之設計名稱：設計名稱係用於記載設計所施予之物品，故設計名稱亦為認定設計所應用之物品的依據。
❸說明書物品用途：物品用途如有記載者，於認定設計所應用之物品時亦得參酌之。
❹說明書設計說明：設計說明如有記載者，於認定設計所呈現之外觀時亦得參酌之。

UNIT **9-11**
衍生專利之專利權

圖解專利法

實務上，產業界在開發新產品時，通常在同一設計概念下，研發出多個近似的產品設計，或就同一產品先後進行改良，產生近似原設計之衍生物；基於這些衍生物品的商業價值，有時幾乎等同於原設計專利，理所當然最好給予相等待遇，相同的保護機制。故，明文規定，同一人有二個以上近似之設計，得申請設計專利及其衍生設計專利，藉此擴大保護設計專利權人的權益；接下來介紹衍生專利之專利權，有何其特性：

（一）單獨主張

衍生設計，回歸本質，就是延伸設計的概念，毋庸置疑地，當然與原設計相當近似；換句話說，也就是因為是近似物品，所以才可以選擇在衍生設計說明書中，該物品用途欄位，載明與原設計所應用物品近似之相關說明，或兩者間主要差異的部分；依此類推，倘若為近似外觀者，同樣也可在衍生設計說明書中，該設計說明欄位，載明與原設計外觀近似的相關說明，或兩者間主要差異的部分。

試問，衍生設計專利之申請文件，既可參酌原設計之說明書，那麼，是否可准許單獨主張其近似範圍？答，有何不可，假設申請人不想延用原設計專利之書面說明，想藉此擺脫與原設計間確認性的缺點，重新申請實施的範疇，理應也可自行單獨主張。

（二）處分行為

法律上之處分行為，是以權利變動為直接或間接內容的法律行為。直接處分，是指所有權移轉、所有權拋棄、抵押權設定等；間接者，則是指買賣、互易等行為。

衍生專利之專利權，既為財產權，具有經濟或商業上的利益與價值，想當然爾，可依民法規定，使其處分行為於市場上流通交易；但實務操作上應注意，衍生設計附著於原設計之下，應與原設計專利權一併讓與、信託、繼承、授權或設定質權。

（三）專利權存續

衍生設計專利權有獨立的權利範圍，縱使原設計專利權，有未繳交專利年費，或因拋棄導致當然消滅，或經撤銷確定者，衍生設計專利仍得繼續存續，不會因原設計專利權而受到任何影響。

不可不知的是，雖然衍生專利權之存續，不會因原設計專利權有任何影響，但是，衍生專利權畢竟為原設計專利權之延伸物，為避免過於複雜的法律關係；故，專利法明文規定，原設計專利基於上述事宜消滅時，其衍生設計專利權有二以上仍存續者，不得「單獨」讓與、信託、繼承、授權或設定質權。

😊 小博士解說

有下列情事之一者，應以不符衍生設計之定義為由，不予衍生設計專利：

❶申請專利之衍生設計與原設計完全相同，即物品相同且外觀相同者。

❷申請專利之衍生設計與原設計不近似，即物品不相同亦不近似，或外觀不相同亦不近似。

❸在原設計尚未取得權利之申請過程中，原設計已撤回申請、已審定不予專利，或逾限未領證公告者。

衍生專利之專利權

衍生設計	
申請要件	與原設計近似
申請期限	原設計專利申請後至原設計專利公告前
權利期間	與原設計專利期限同時屆滿
可否獨立存在	原設計專利權撤銷或消滅時，仍得單獨存續
不可分性	不得單獨讓與、信託、繼承、授權或設定質權
權利範圍	得單獨主張，且及於近似範圍

不符衍生設計定義

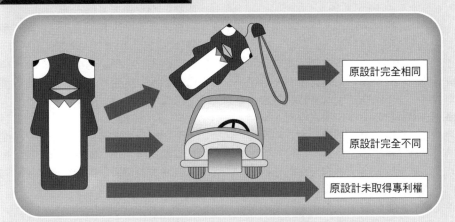

原設計完全相同

原設計完全不同

原設計未取得專利權

■衍生設計效果

❶衍生設計專利權得單獨主張，且及於其近似之範圍。

❷衍生設計專利權期限始於公告日，而與其原設計專利權期限同時屆滿。

❸由於衍生設計專利權有其獨立之權利範圍，縱原設計專利權有未繳交專利年費或因拋棄致當然消滅者，或經撤銷確定者，衍生設計專利仍得繼續存續，不因原設計專利權經撤銷或消滅而受影響。

■衍生設計審查

❶審查時，若衍生設計與原設計有相同不予專利之理由者，得同時發出審查意見通知函。

❷倘若衍生設計已無與原設計相同不予專利之理由，但於原設計尚未取得權利之申請過程中，原設計申請案已撤回申請、已經審定不予專利或逾限未領證公告者，衍生設計申請案自不符合專利法所稱「有二個以上近似之設計，得申請設計專利及其衍生設計專利」之定義，衍生設計亦不得准予專利。

❸解決之道，申請人得將該衍生設計改請為設計；如有二個以上之衍生設計且彼此間仍為近似設計者，得擇一改請為設計，其餘改請為該設計之衍生設計。

UNIT 9-12
修正、更正及誤譯之訂正

（一）修正

申請人為搶先取得申請日，通常會在完成設計後，第一時間內盡速檢具說明書及圖式等文件，向智慧局提出申請，以至於很容易發生書面資料誤載，甚至是整份文件表達得不清不楚，根本無法達到充分揭露之申請要件；倘若此時，智慧局採行做法是直接駁回，要求申請人重跑申請程序，不但浪費社會資源，也未免太不盡人情。

基於便民服務的精神，專利說明書或圖式有瑕疵，智慧局於審查時，得通知申請人限期修正，或申請人認為說明書或圖式，有申請修正的必要時，也可向智慧局提出。需特別留意修正時機：❶應於申請日起至審定書送達前之期間內，且專利申請案仍繫屬初審或再審查階段；❷初審已審定且審定書已送達，欲提出修正申請者，申請人必需先提出再審查之申請，讓申請案仍處於審查階段；❸審定書已發出，但尚未送達申請人之前，仍應准予申請人修正說明書或圖式。簡言之，申請案仍應屬於審查階段，才准申請。

（二）更正

對於已核准專利公告之說明書及圖式，設計專利權人就其專利說明書或圖式，有訂正誤記或誤譯內容，或釋明不明瞭之記載等事項，得向智慧局申請更正。專利權人得更正說明書或圖式之時機為：❶設計申請案取得專利權後，專利權人主動申請更正；❷設計專利案經他人提起舉發時，專利權人提出答辯同時申請更正。

有鑑於更正過後之設計專利，生效日可往前追溯自申請日，倘若允許專利權人，恣意變更其說明書或圖式，不難發現，必會對他人造成嚴重之困擾；其次，為防堵投機人士，藉此擴大或變更專利範圍，有害公平、公正性。專利法明文規定，專利說明書或圖式之申請更正，須在實質內容不變的前提下，僅得誤記或誤譯之訂正，或不明瞭記載的釋明，才可申請之。

（三）誤譯之訂正

誤譯，指申請人先提出外文本，之後再補正中文本時，有中文語詞或語句翻譯錯誤之情事；換言之，就是翻譯有誤。誤譯之訂正，不得超出申請時外文本所揭露的範圍；更正，不得實質擴大或變更公告時之圖式。

誤譯訂正時機，得於補正中文本日起，至初審或再審審定書送達前之期間內，單獨或與修正案同時提出申請；也可以取得專利權後，單獨或與更正案同時提出申請。

🤓小博士解說

❶誤記，指該設計所屬技藝領域中，具有常識者根據經驗，不必仰賴外部文件，即可直接從說明書或圖式的整體內容，立即辨識出有明顯錯誤的部分；舉例來說，文字有明顯的遺漏或錯誤、前後記載的用語或名詞不一致、設計說明中所載的文字明顯與圖式所揭露的內容不一致、圖式之間明顯不一致的情形等；❷釋明，指已核准之設計專利，其說明書或圖式所揭露之內容仍不明確，經專利權人訂正或釋明該部分，能更清楚瞭解原來之設計；舉例來說，該所屬技藝領域中的人，可以瞭解其實質內容，但一般普羅大眾需經過講解後，才能看懂說明書或圖式中所揭露之內容。

運用時機

書面資料　　　錯誤記載　　　準確到位

修正 vs. 更正 vs. 訂正

	修正	更正	訂正
對象	專利申請案	專利	申請案或專利
程序	未審核專利申請案	已核准公告之專利	專利申請案，或更新專利權
定義	對該項專利申請案之內容，如說明書、申請專利範圍或圖式等，進行修改動作	對其內容之書面資料，限請求項之刪除、申請專利範圍之減縮、不明瞭記載之釋明等事項，有不妥之處進行更新	誤記或誤譯之內容，回復其原意；誤譯通常發生在以外文本提出者

 ★審查注意事項

❶更正原因明確。專利權人申請更正之原因不明時，例如僅提出說明書或圖式之更正本，但未說明更正之理由及依據法條，經智慧財產局通知後，仍未申復，即可不受理更正。

❷標的為中文本。專利權人僅更正外文本，未同時提出中文更正本時，由於外文本不生更正之問題，理應不受理；倘若，有明顯之誤記事項，智慧財產局對於申請更正外文本乙事，得以准予備查之用語函覆。

❸內容一致性。專利權人所提出之更正內容，有部分不准更正者，智慧財產局應敘明理由，通知專利權人於指定期間內重新提出；屆期不更正者，回推全部亦不准更正。

❹注意版面整潔。更正說明書或圖式者，應檢附更正後，無劃線之全份說明書或圖式。

❺走完全部的程序。更正案審查中，專利權當然消滅者，仍應續行審查，並將當然消滅之事實於處分書中，一併說明之。

第10章
專利創新與生物科技

UNIT **10-1**
電腦軟體的保護

電腦廣泛使用與網際網路的便捷，國際間早已將電腦軟體列入專利的保護；為順應潮流，我國政府也開放電腦軟體程式，得向智慧局申請設計專利，積極來保護自身的權益；不可不知，除專利法有保護外，也可同時尋求著作權法的保障。

（一）專利保護

以前，電腦軟體僅被視為一種數學計算程式，不能申請專利；直至 1981 年美國 Diamond v. Diehr 案，該案涉及一項由電腦程式反覆演算，電腦發出指令在最佳成形時間將橡膠模具開啟的專利，於是，最高法院改變了看法，肯定電腦程式也可申請專利保護。1998 年 7 月聯邦巡迴法院，對電腦化商業方法賦予重要的詮釋，即電腦系統可將資料轉換成可供利用的、精簡具體的方法結果，就達到申請專利的標準，包括貨幣值、價目表、財務資料等，造成金融界、保險或會計行業上，對其計算或計量方式上的新突破。

（二）著作保護

當出賣人販售軟體時，通常會隨之附上一份或數份的「消費者使用契約」（End User License Agreement），該契約內容成為著作權人最大的保障；無論契約中的用語、定義、規定及解釋，尤其是針對間接侵害責任的部分，都將成為著作權人主張權益受損時，審酌雙方權益的主要依據。舉例來說，契約上通常會明定行使有限度且非專屬的權利，一旦買方（使用人）同意將購買後的軟體安裝在其硬體設備上時，就必須遵守：❶買方本身所持有或能操控的電腦；❷使用行為必須個人化，而非具商業性質的娛樂用途；簡單來說，購買時就已同意要遵守契約內所有的要求。

（三）兩法之共同保護

不論是專利法或著作權法，雖屬不同法律範疇，一旦談及到侵害賠償議題時，兩者間判斷標準，有其共通點：❶皆考量被害人因侵害行為，所導致收入及利潤的減少；❷當被害人無法證明損失的利潤時，著作權法衡量侵害人因侵害行為所得利益，要求倍數或經一定比例的計算，來索取賠償的金額，專利法則提供相當比例的授權金，作為補償；❸最值得一提的是，兩者都經由間接侵害責任，尋求賠償管道，即非經由直接侵害人（如使用人或購買者），也就是直接找出售、製造或經銷該侵害商品的間接侵害人，請求賠償。因此，愈來愈多的創作人及發明人，會聰明地選擇專利法加上著作權法，一同來主張權利的維護。

😊 小博士解說

公司出資聘僱程式設計師設計的軟體，何者為著作權人？是檢視名義上的所有人（如程式設計師）？還是出資公司或軟體購買者？建議採取綜合判斷標準：❶此公司是否對該軟體之設計有付出相當對價；❷該軟體是否是為此公司而設計；❸該軟體是否因應此公司客制化之需求而設計；❹該軟體是否儲存在此公司的伺服器中；❺著作權人是否保留複製該軟體的權利；❻著作權人是否同意此公司擁有及使用該軟體；❼此公司是否有可隨意放棄或銷毀該軟體的自由。

專利與網路的應用關係日趨密切

2009年11月12日全球最大晶片製造商英特爾（Intel）宣布與頭號競爭對手超微（AMD）公司就多起反托拉斯與專利權訴訟達成和議協解。英特爾將支付超微12億5,000萬美元（約新台幣404億元），雙方並簽訂為期五年的專利交叉授權協議。超微方面則同意撤回在美國、日本等地對英特爾提出的反托拉斯與專利權訴訟，這一對晶片業界的世仇算是暫時休兵。

美國著作權法和專利法對電腦軟體的保障

比較內容	著作權法	專利法
保護客體	保障著作權人 A 具備原創性著作的專有權，即不允許任何未經過著作權人同意或授權的複製行為	除了相同於著作權法的保障外，保護客體還包括創意本身，範圍更加寬廣
權利的專屬性	美國著作權法 §106 使著作權人對其著作有獨占的專有權，可以複製、散布、公開發表，公開展示其作品，但無法禁止如其他人 B 在獨立創作（independent creation）下所完成之相同或類似於 A 的作品；亦即 A 及 B 分別擁有對其作品的著作權，有可能作品相類似，但存在兩個著作權	專利法則不同，即使 B 在完全不知情的情況下，作出和 A 相同或類似的產品；若 A 已優先取得專利權，此時，B 無法再主張專利權的取得。一項發明或設計只能有一個專利權
權利取得	著作權不須經由申請及註冊而取得，採「創作主義」，在被害人主張損害賠償的請求時，無法由條文中明定的賠償倍率或律師費用等作為依據；當糾紛發生時，待爭訟結果確定，才能計算賠償的數據	專利法又不同，因為專利的申請程序與取得不易，專利權人必須經由相當準備與努力才能取得專利權，因此，美國專利法中明定賠償的依據

消費者使用契約

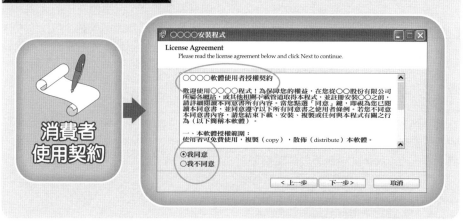

207

UNIT **10-2**
專利與電子商務

商業活動電子商務化，簡稱電子商務（Electronic Commerce, EC），乃藉由電腦科技和通訊網路技術，完成商品交易的一種商業模式，是傳統商業活動各環節的電子化、網路化；無論是網拍或網購，甚至網路商場的崛起及商店街的形成，在在說明「以網為生」的現象，影響日常生活所及範圍，無遠弗屆。電子商務包括電子貨幣交換、供應鏈管理、電子交易市場、網路購物、網路行銷、線上事務處理、電子資料交換（EDI）、存貨管理和自動資料收集系統等。

（一）專利技術帶動電子商務

「商業方法」是指，為處理或解決商業經濟活動或事務，藉由人類心智所創造的一種規則；而透過電腦網路系統，自動進行資訊科技交易的商業方法，則稱為商業方法專利。各國專利申請案，早已充斥著利用網際網路進行，模型化知識、技術及智慧自動交易的專利，電子商務利用電腦程式與網路技術所結合成的某種特定商業方法（method of doing business），涉及電子商務中，商業方法有無專利性的問題。

（二）專利技術對電子商務的影響

全球網路資訊蓬勃發展，電子商務如火如荼地展開，如何能在決戰關鍵獲勝，專利技術占據相當重要的地位；以知名的亞馬遜書店（Amazon.com）為例，亞馬遜書店針對網站中所使用的訂單處理系統及方法等，陸續向各國提出專利的申請，其中最著名的點擊專利（One-Click），此項技術不僅可節省客戶的購物流程，更可免去重複輸入個人資料的麻煩，也就是說，只要按一下就完成所有的購貨程序；當競爭對手 Barnes & Noble 想要利用迴避技術，採用近似該方法專利的訂貨流程時，就會落入亞馬遜書店本身合法專利權的範圍內，即有侵犯到亞馬遜書店專利的嫌疑。

小博士解說

網路購物最早可追溯到上古時期，腓尼基人靠著在地中海航行來進行商業交易。1960 年代起，美國為了確保電腦傳輸的安全，戰後全力改善網際網路的環境，在加上世界各國陸陸續續的響應，1991 年 Internet 正式誕生，成就 e 世代的網路環境。台灣地區最早的拍賣平台是買賣王（Ubid），成立於 1998 年 10 月，由力傳資訊所創立；該公司並於 1999 年 1 月成立另一個拍賣平台，名為拍賣王（Bid）；前者屬於 C2C 網站，後者屬於 B2C 類型的網站。

隨著虛擬世界打破時空的障礙，更使得以專利作為競爭武器，限制他人利用技術進入市場的現象，如雨後春筍般出現；電子商務產業鏈中的「資訊系統架構」及「應用服務」，其實是更彰顯產業競爭的優勢已經由有形的商品，轉而成為無形的知識與創意。戲法人人會變，各有巧妙不同，商業模式專利化的時代已正式來臨。

電子商務

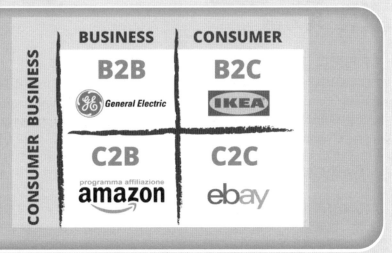

舉凡以網路為媒介完成商品交易的模式，即可稱電子商務，除上述模式外，更可加以整合及擴大運用，如 O2O（Online to Offline）線上購買線下實體消費，像 Uber、Uber Eats；又如 B2A（Business-to-administrations）指企業與政府機構間的電子商務活動；而將代理商（Agents）、商家（Business）和消費者（Consumer）共同建構的電子商務平台，則稱之為 ABC 電子商務模式。

目前無「電子商務」專法，僅能依據案件性質尋找既有法律予以統籌規範

UNIT **10-3**
均等論

圖解專利法

（一）起源與意涵

1950 年美國聯邦最高法院於 Craver Tank & Mfg. Co. v. Linde Air Products Co 一案，針對專利侵權部分提出「均等論」（Doctrine of Equivalents）具體判斷原則，即功能／方法／結果（Function–Way–Result; FWR）分析法，對日後侵權案件影響甚大。

均等論起源甚早，主要功能在將專利保護範圍，擴張至專利範圍字義之外。一般而言，產業界在進行研發工作時，必先從專利檢索開始，透過查詢，應可發現既有的專利技術及相關資料，除惡意仿冒會完全照抄外，大都會採行專利迴避方式，透過替代藉以規避他人專利，因此，能夠成立字義侵權的案件並不多；「非」字義侵權的判斷原則，即透過均等論來保護專利權人真正的專利範圍，就變得非常的重要，是侵權訴訟中相當倚重的理論。

（二）均等論的要件

衡量每一構成要素在專利權中所能提供的功能，及與其他要素結合後所呈現的內容，是否能表現出相同或相似的功效；簡單來說，此項判斷原則就是，用實質相同的方法，執行實質相同的功能，達到實質相同的效果時，就會因均等論被認定侵害專利權。

舉例來說，一般熟悉該項技術之人是否知道，雖是兩種不同的物件，且構成要素內容也不盡相似，但二者間有高度替代性；也就是說，被指控侵害專利的產品，元件沒有直接落入專利範圍中，沒有文義侵害，但侵權者卻清楚知道，彼此在功能上是可相互替換的，這就屬於均等，就有侵權的疑慮。

（三）後續影響

從判決書中得知，美國法院正試圖釐清真正創新（genuine discoveries）與稍微改良（slight improvements）間的模糊地帶；如果只是側重機器技術上的變化，則專利權的範圍會相對地被限縮，無法確切得到應有的保障，因必須是幾乎相同的複製，才會被認為侵權。反之，若視二者技術內容及構成要件是否均等（equivalents），就單方面認定侵權；那麼，我們要加以思索的是，均等論的適用是否會破壞其他人對發明改良的熱忱，過於擴張專利權人的權限，進而阻礙改良的動機與成效。簡言之，過與不及都是運用均等論原則時，格外需注意的地方。

小博士解說

美國專利法針對專利權受到侵害時，以專利權人或專屬被授權人為請求權人，針對民事救濟方式，被害人得請求侵害人禁止侵害行為；對於訴訟有管轄權之各法院，為防止專利權益受到危害，得依衡平原則及法院認為合理之情況下，發布禁止命令。此外，被害人還可請求損害賠償。

美國法院處理專利案件時，除設有專業法院或專人處理，原則上由原告負舉證責任，除非受侵害的專利是製法專利時，即專利權人與被告之物品相同，則推定被告之物品是以該專利的方法製造，適用舉證責任轉換的原則（reversal of burden of proof）由被告負舉證責任，避免製法專利權人藉由訴訟，窺知他人之製法。

專利侵權判斷

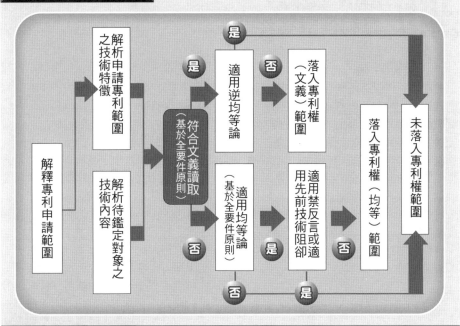

均等論測試

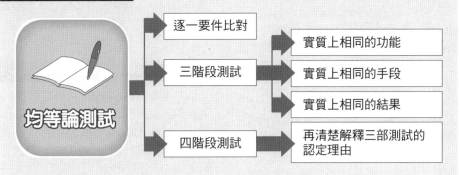

均等論測試

- 逐一要件比對
- 三階段測試
  - 實質上相同的功能
  - 實質上相同的手段
  - 實質上相同的結果
- 四階段測試
  - 再清楚解釋三部測試的認定理由

知識補充站 ★均等論爭議

美國法院判決曾出現並把均等論比喻成雙面都磨光的利刃，即適用均等論可以拿來保障專利權人避免專利權受侵害，但是相反地，也可以拿來變成主張侵權人之侵權不存在：

❶如被控侵權人之專利內容乃為列表機，但被告B的列表機功能雖然是以原告A的機型的基本概念及運用，但卻更有創意，且並不完全複製原告之概念。

❷還包括了將A的印表機之機器內裝加以結合，從而發展出在想像及創作上並不相貫之連續性，即並非以A之印表機之技術內涵來作為被告印表機之主要技術內涵。

❸本案中法院即不是用均等論來保障專利權人，反而以均等論來說明被控侵權事項，若符合說明書的內涵，則侵權成立，否則若被控侵權事項與原告專利權說明事項並不一致，則侵權並不存在。本案結論反而是保障了原告所控告之侵害專利權人。

UNIT **10-4**
專利侵權案件

（一）美國經驗

美國專利侵權的判斷，著重在專利範圍的對照，而非該專利案說明書或其記載較佳的商業申請例上；也就是說，需先將涉嫌侵害的物品或製程，與美國專利案之申請專利範圍一一比對，比較被控侵害的商品是否含有該專利範圍所引註的元件或其他的限制，如果有，原則上就構成侵害。因此，為避免將來遭受侵權控訴，發明人最好事先製作專利檢索或專利地圖，未來爭訟時，成為有利的證明。

（二）Fujitsu Ltd. v. Netgear, Inc. 案

2010 年 Fujitsu Ltd. v. Netgear, Inc. 一案，原告（Fujitsu、Phillips 及 LG 公司）堅信被告（Netgear 公司）在他的商品（無線路由器）有侵害到方法專利（IEEE 802.11 無線標準）；原告提出被告公司所製造的商品，運用且涉及到通訊網路傳送訊息的工業標準（即 wifi 規格的專利權），被告的行為當然構成侵權；被告則抗辯，有無涉及到侵害的功能，是由消費者在使用時自行選擇，因此，原告必須追蹤消費者的使用狀況，才能確認是否有直接侵害的事實。

一審判決被告勝訴，威斯康辛西區地方法院認為被告並未侵害上述專利，主要原因在於原告要負舉證責任，證明商品確實有遭受到侵害的事實。本案上訴時，卻出現不同的意見，合議庭的法官們認為，當一專利所保護的範圍已成為標準時，只要未經授權使用該標準，是可主張間接侵權的；然而，侵權與否仍要考量多方因素，最終支持地院某部分判決，被告並未侵害 Fujitsu 及 LG 兩家公司的專利，駁回另一名原告 Philips 公司重審，

因為 Philips 的專利主張了工業標準的選擇性功能，因此，Philips 公司有義務要提出 Netgear 公司侵害選擇性功能的證據。

（三）後續發展

電子產品製造上，為使不同配置的零件都能彼此協調，往往必須使用某種共通的標準，除非花費鉅資檢查所有的資料庫，否則是否會使用到他人已申請註冊的專利，風險大都要由製造商各自承擔；正因此，在上述案件中，符合工業標準可當作專利侵權之證據，讓美國矽谷相關產業皆十分地關注。目前實務界的做法，大都採取專利聯盟（patent pool）的方式，共同研發或策略聯盟，一來彼此分擔費用降低風險，二來可共享專利授權，產業經營策略已從以往的單純競爭，轉向競爭合作的方式。

😀小博士解說

WiFi 全稱 Wireless Fidelity（無線保真），是無線乙太網相容聯盟（Wireless Ethernet Compatibility Alliance, WECA）所建立的一種產品品牌認證，也就是一般所說的，Wi-Fi 聯盟的商標；因為建立在 IEEE 802.11 標準的無線區域網路設備上，所以常有人把 Wi-Fi 當作 IEEE 802.11 標準的同義術語或別稱。簡言之，是一種擁有專利權的無線相容認證。

市面上遵循這些標準的產品，如無線接入點（Access Point）等。Wi-Fi 是屬於一種短程無線傳輸技術，無線電波的覆蓋範圍廣，傳輸速度快，廣泛被應用在電子產品與網路通訊中，包括無線路由器（Wireless Router）、手提電腦、電視、隨身聽、Wii 遊樂器、音響設備與手機等等。

Fujitsu Ltd. v. Netgear Inc.一案

原告
（Fujitsu & Philips）

802.11
無線標準專利

被告
（Netgear）

一審法院

上訴審法院

法院在判斷侵害事實，時常需依據既定的標準，如果一項被指控構成侵害的商品，是按照某種標準加以認定，那麼當判斷侵害商品有無造成侵害時，當然可比照侵害標準來認定；因此，被告可以主張被指控的內容並為符合侵害標準的全部要件，或主張該侵害標準不切實際。其後法院發現，原告無法舉證證明其指控。

本案在上訴審法院的結果卻有別於地院見解，證明被侵害除了直接以商品為證據外，還可以根據造成侵害的方法專利而來；因為商品依據某項標準設計，如果該項標準使用到他人已存在的專利內容，當然構成侵害；這樣的比較結果遠比之前單純提出商品，證明被告侵害原告專利的方式，更為寬廣。

 ★專利間接侵害責任

專利法規範輔助侵害責任（contributory infringement liability），對於某人明知其販售之商品內容部分涉及專利，且該部分專為商業性而非以侵害為主要目的的使用，輔助侵害人必須明知有直接侵害的事實存在，如消費者購買的目的或用途乃為侵害該專利，而此類證明對製造方而言實屬不易。在上訴法院的判決後，要證明這樣的侵害事實，只要運用到的是採用某種特定標準所製造的產品，而某種特定標準又是符合已申請專利的內涵；換言之，若某種標準是裝置或配備所必需且不可缺的部分時，證明使用到這個標準，會比原本一定要證明商品侵害專利更加簡易，如此一來，即對專利權人更有保障。

 ★專利侵害概論

專利侵害鑑定：解釋申請專利範圍→製作申請專利範圍比對表→決定是否構成侵害
❶解釋申請專利範圍：內在證據、外在證據。
❷製作申請專利範圍對照表：分解各請求項構成要件、分解對象物構成要件。
❸決定是否構成侵害：①文義侵害；②均等論下的侵害；③適用均等論的限制：先前技藝、申請過程禁反言、均等論係分開考慮各個構成要件；④請求項之前言是否構成限制。

UNIT **10-5**
研發成果的歸屬

圖解專利法

（一）歸屬

研發成果歸屬依現行專利法內容可分「職務上」與「非職務上」，無論採行何種認定方式，皆有法律明文規定，其申請權及專利權應歸何人所有；然則，看似明確的規範，實質運作上仍發生不少問題。以產學合作案為例，大專院校所完成之研究成果，若為政府補助、委辦或出資的科學技術研究，依「科技基本法」與「政府科學技術研究發展成果歸屬及運用辦法」規定，除經資助機關認定歸屬國家所有外，原則上以歸屬研究機構或企業為主，但該法僅做抽象式規定，相關細節授權給各行政單位處理；又若是以利用學校資源所完成，其衍生之專利權歸屬，現行法中並無明文規定，僅依國內各校自訂相關實施辦法或要點處理；又若是接受私人企業或機構贊助，研發成果是否可無償利用，抑或是必須支付授權金等等，皆無標準答案。

一般而言，業界最常遭遇的難題，不外乎是受僱人在離職後，將受僱期間尚未完成之發明繼續完成，又或者是故意將發明延至離職後才完成，其申請權及專利權應歸何人所有？可歸屬於職務上研究成果嗎？再舉一例，又如僱傭契約中所產生「保密」及「不為競業」之附隨義務等；而非職務上，最易爭執的點是，何謂「合理報酬」？其給付的額度應如何考量？為求法律關係明確，並避免嗣後舉證困難，有關研發成果歸屬將會產生的模糊地帶，建議事先應以明訂契約方式，或制定員工手冊等方法，清楚界定，以求慎重。

（二）保護

研發成果除可申請專利外，研發資訊及內容往往也會涉及到營業秘密，是以，也可尋求營業秘密法之保護。營業秘密乃為維護產業倫理與競爭秩序，並調和社會公共利益，針對方法、製程、配方、程式、設計，及其他可用於生產銷售或經營的資訊，為之保障；換言之，研發有成者，可申請專利法來保障，若尚在研發製程中，或尚未達到專利要件門檻時，則可改由營業秘密法來加以保護。

範圍較廣且要求較低，善用營業秘密法來保護研發成果者，此舉可謂之聰明策略。舉例說明，營業秘密法與專利法皆有談及新穎性，且都以保護為目的，然而，兩法卻在程度上略有差異，專利以「鼓勵發明」為目的，採取嚴格的絕對新穎性標準，營業秘密則以「維護所有人耗費之心血成果」，僅需相對新穎即可；簡言之，營業秘密法要件門檻較專利法來得寬鬆，適用性也較來得廣泛。

小博士解說

營業秘密法相關規定如下：

❶職務上研發之營業秘密

①受僱人於職務上研究或開發之營業秘密歸僱用人所有；②但契約另有約定者，從其約定。

❷非職務上研發之營業秘密

①受僱人於非職務上研究或開發之營業秘密歸受僱人所有；②但營業秘密係利用僱用人資源或經驗者，僱用人得於支付合理報酬後，於該事業使用其營業秘密。

❸出資聘僱之情形

①聘請他人從事研究或開發之營業秘密，其營業秘密之歸屬依契約之約定；②契約未約定者，歸受聘人所有。但出資人得於業務上使用其營業秘密。

營業秘密管理

掌握人員研發歷程資料

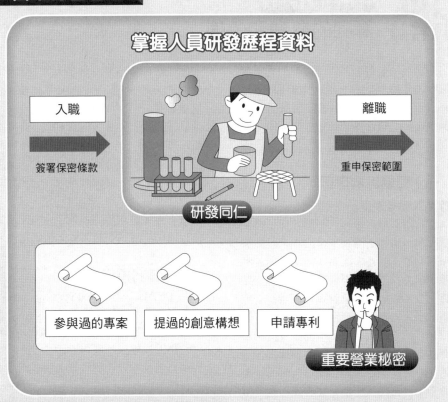

入職 → 簽署保密條款

研發同仁

離職 → 重申保密範圍

參與過的專案　提過的創意構想　申請專利

重要營業秘密

營業秘密與專利法比較

從保護研發成果的效益觀察，以營業秘密來主張保護或申請專利，何者較為有利？需待智慧財產權之所有人加以實際的評估，如企業規模、資訊性質及花費成本、秘密舉證程度或專利申請難易等多項因素加以考量。二者之比較如下：

	秘密性	所有人	費用及時間
營業秘密法	不會被公開	❶本人必須採取積極的措施以確保資訊不會洩漏給公眾 ❷以契約規定等方式來限制向其取得資訊者，不可將其洩漏給其他第三者 ❸營業秘密一旦被他人以合法的方法，例如還原工程技術予以瞭解，則該項營業秘密便不能被視為「秘密」	❶營業秘密之保護可溯及於秘密產生時 ❷不易證明 ❸保護、管理亦費時耗力
專利法	❶我國發明專利採早期公開制 ❷新型與設計專利申請案，凡不予專利者，仍保持秘密狀態，並不會被公開	❶專利權人有排他性權利，但有地域性與時間存續的限制 ❷專利權一旦公開，任何人均可以合法地參考該項專利之內容，以便研發其他不會侵害到原專利權的產品	❶申請需投入大量金錢與時間 ❷保護、管理亦需大量時間、金錢 ❸訴訟費高又耗時

UNIT **10-6**
專利的買賣和價值

知識與技術帶來嶄新的商業型態，無體財產權儼然成為一股新型經濟（new economy）旋風，快速蓬勃發展且迅速襲捲市場；買賣專利在這股潮流下，瞬間成為最熱門的話題。

（一）買賣專利原因

❶進入市場捷徑

直接購買他人專利，不需冗長研發試驗程序，也相對節省不少成本，是開發市場的絕佳武器。雖有快速切進市場利基，但此一方式是否成功，取決因素還真不少；如買方要留意專利權益是否完整、出售人是否擁有合法的所有權、該項專利的聲譽與評價等，都是直接影響商品化成敗的關鍵；又如與製造商、經銷商等彼此關係是否和睦，也會間接影響市場活絡與價值性；又再如，產品被公開前必須保持機密性，以免商品化過程不如預期時，更會影響到公司的整體商譽。

❷獨占市場利器

為避免客戶流失，或防止競爭對手搶得先機，藉此專利瓜分原本的市場，此時可將購買專利，列入公司經營策略之一；也就是說，打從一開始，購買專利就是為防堵競爭對手，有搶占市場的機會，甚至有時會買下競爭對手的公司，藉此取得授權，以斷絕授權來源。然而，此種斬草除根的做法，在交互授權頻繁的資訊業中，並不值得推崇，不但易造成訴訟來源，更無益於事業的永續發展和良性互動。

❸買斷取代侵權

當專利侵權案件發生時，其訴訟過程中所產生的昂貴費用，及冗長的權利攻防戰，往往會讓雙方當事人無力承受；此時，被控侵權的被告，考量整場官司所花費的時間與成本後，很有可能會成為買方買下對造方的專利以求結束爭訟，即買斷方式取代侵權所付出的代價。此時，買受專利權時，應慎重思考對維持、執行及保障該權利所須付出的心力，也就是所謂的維護費用，該費用是很有可能會超過購買價值，故，買方是以何種心態買受該權利，值得慎思。

（二）專利授權公司

專利授權公司（Non-Practicing Entities, NPEs），本身並不從事生產製造或產品銷售，透過獨立研發或專利轉讓取得專利權，再以授權談判或專利訴訟為手段，以種種名目向公司收取權利金或賠償金為目標，也就是俗稱的專利流氓（Patent Troll）；簡言之，凡可將無形專利，轉換成有價值的現金，皆為專利授權公司的營運模式。

（三）估價重點

專利與傳統資產不同，其價值仰賴的因素也和有形資產有所差異，如專利的獨特及稀有性，或買方的購買意願，或法院對相關案件的看法，都會似有似無地影響著買賣價格；一般而言，有三種方式可檢視其價值：❶市場價格；❷取代或重新建立此專利的費用；❸此專利能創造的收益現值。

第❶及第❷種估算方式都不容易，實務上傾向第❸種計算方式，即以一個專利價值乘上未來授權費用的總額；目前，估價程式及計算方式都有既定的標準存在。

是否也一併購買專利所附著的事業體	❶ 買方即使取得專利，但無法擁有經營團隊或後台管理甚至技藝精湛的員工，即專利本身無法擴展生產線或業務；如原擁有權利的公司與其他機構搭配的人脈或關係，並不會隨著權利移轉而由買受人承接。買受人是基於防範他人獨占或壟斷市場的原因時，則必須排除購買固定資產或公司企業體的想法，一來花費更大，二來還須背負未在預期之中的經營責任 ❷ 買方還要慎重考慮產品的生命週期，美國專利商標局（USPTO）對專利的使用有明文規定，當事人必須對 USPTO 出具申請書（the Amendment to Allege Use）後，才能主張使用（intent-to-use），否則當此專利與原先事業體有一定的關聯時，專利轉讓不一定順利；其他配套的契約也須留意對買方的保障，如果買方買到的權利受限於非獨家（non-exclusive），將大大減損其預期利益
經由公開拍賣	專利的公開銷售市場是買賣的重要場所，2006 年 4 月 Ocean Tomo 公司在美國舊金山進行 2.5 小時的拍賣會，當日銷售比例達 44% 的專利，金額達 850 萬美金，到 2009 年 3 月最後一場拍賣會金額僅 270 萬美金。公開拍賣使一般人皆有機會接觸到專利的買賣，然而因為拍賣場的時間限制，買方必須在極短時間內做決定，加上場內還有純觀望的買家及投資客等，對真正有意購買的買方不見得有利
經由法院執行	因經濟衰退使得公司無法經營時，會出售其擁有的專利；近年最有名的例子是 Nortel Networks Corp. 一案，Ericsson AB 公司以 11 億 3,000 萬美金買下破產的 Nortel Networks Corp 公司，通常因賣方缺乏資金急於求現，亦無法給買方任何保證。此買賣必須經由法院進行，最好在賣方宣告破產前完成；破產公司在被正式宣告前九十天的交易都會被檢查，避免其藉由此種方式脫產
經由網路交換	如 Yet2.com（www.yet2.com） 及 Patentbidask（www.patentbidask.com）都是網路上進行專利競價與拍賣的網站；尤其是 Yet2.com 標榜是世上最大的專利交換網站
經由授權方式	經由授權契約取得使用權；但因權利人不見得願意授權他人使用，即使授權後，也可能在期限屆至時，拒絕延展；且有時取得授權遠比直接買下權利還難，因為授權人會以種種理由限縮被授權人的使用。話雖如此，對急於使用權利的買方而言，經由授權方式獲得使用權，也是變通的一種方式

UNIT **10-7**
生物科技與專利

生物科技是指利用生物體的細胞，從事生產製造、改良甚至改變生物特性，降低成本及創新物種的科學技術。生物科技近年來被喻為是一場革命，科學家透過「去氧核醣核酸」（DNA）重組技術的發明，除醫療、製藥、疾病診斷、生物複製等用途外，舉凡基因改造食品、生態保育、農林漁牧生產、材料與能源研發、身分辨識等，無不與生物科技息息相關，引起無法想像的震撼。

當愈來愈多的申請案希望藉由專利權的獨占期間，保護與生物科技有關的發現或發明；也就是說，科學家在探索基因奧祕的同時，專利事項與要件也同樣面對新的挑戰。傳統專利法的概念已無法因應目前及未來的需求；生物科技中，基因改造及胚胎幹細胞等法律議題，造成許多討論；暫且不論其道德和正當性的考量，單論法制面上的合法性，就值得一究。

（一）國際規範

1994 年 WTO 通過與貿易有關之智慧財產權協定（TRIPS），有關專利方面，該協定第五段規範中有提到，對於產品或程式的專利事項，有三項除外規定，排除與環境、公共健康、生命，或與治療、診斷、手術方法，或與植物、動物有關的事項（微生物除外）；TRIPS 協定已嘗試對各會員國間做出低標準的要求。然而，TRIPS 協定並未對關鍵字眼做出明確定義，也未對基因或自然發生的原材料，做出專利申請事項的明確規範，皆留待會員國自行衡量如何操作生物科技受專利保護的運作空間。

（二）後續議題

TRIPS 協定第 31 條允許對 TRIPS 保障的智慧財產權給予特許實施（compulsory licenses），卻未強制規範專利權人的反競爭行為；再則，TRIPS 協定與各國專利法中，皆無法明確規範生物科技範疇，或其原材料等定義，含糊部分致使專利商品價格無法合理化，甚與基因相關的材料或產品，造成價格被壟斷，生產廠商獨占市場的現象，嚴重影響其他研究人員的研發意願，及後續的研究計畫。簡言之，易因先前專利獨占權而深受限制。

舉例來說，美國 Myriad Genetics 公司利用單離 DNA BRCA1 及 BRCA2 兩項基因，研發出一套 BRCA 基因測試技術，有效檢測乳癌風險並成功取得專利；本應增進人類福祉的發明，卻因專利過度保護而衍生出不公平之情事。Myriad 拒絕授權給其他人或機構，選擇以實驗室或研究室直接為顧客進行檢測，當病人無法取得測試方法內容時，很難針對測試結果再次尋求第三人的意見；而且，倘若病患的保險給付方式無法使 Myriad 公司滿意，連進行 BRCA 基因測試的資格都沒有，這些都是 BRCA 基因測試受到專利保護下，所帶來的負面影響。

（三）建議 TRIPS 規定

由 TRIPS 協定強制統一規定對生物科技專利的特許實施，取代目前由各會員國自行決定的規定，或許可為現今條文語意模糊不清，提供另一解決之道。

生物科技申請專利有何不同

申請專利	內容不同	認定標準不同	目的不同
生物科技	如胚胎幹細胞與基因序列	生化科技進步神速，美國專利商標局（USPTO）已擴大對生物科技的專利申請範圍	❶尋求生物科技的重大突破以解決人類疾病的根源，延續人類生命的重要性 ❷吸引對美國生化科技業的投資，提高對專利保障的同時，也必須避免道德倫理面的相關爭議 ❸防止專利權人對專利事項重重設限，或設定極高的授權與交涉費用，因而影響其他人對專利的利用或再發明。 ❹預防影響新物質與新材料的引進，阻礙改善人類福祉的研發成果

生物科技在近年來被喻為是一場革命，主因是基因知識、基因科技和生殖技術的突破性發展。科學家經過DNA的排列組合，創造出前所未有的新基因、新染色體、新病毒、新生物，隨著複製羊桃莉的誕生，以及各種基因改造動物的實驗成功，複製人和基因改良人種的出現，似乎也只是時間早晚的問題而已！

複製人過程

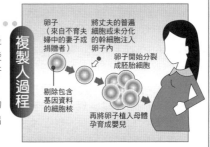

卵子（來自不育夫婦中的妻子或捐贈者）

將丈夫的普通細胞或未分化的幹細胞注入卵子內

剔除包含基因資料的細胞核

卵子開始分裂成胚胎細胞

再將卵子植入母體孕育成嬰兒

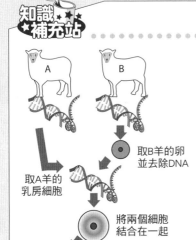

取A羊的乳房細胞

取B羊的卵並去除DNA

將兩個細胞結合在一起

植入C羊子宮內發育

桃莉誕生

桃莉羊

1997 年轟動全球的複製羊 —— 桃莉，是由艾恩・魏爾邁 (Ian Wilmut)、凱思・坎貝爾 (Keith Campbell) 所創造；桃莉羊是將體細胞的核植入未受精的卵內形成胚胎，以無性的方式創造出來的。

複製方法是先取出乳腺細胞在體外培養，然後將這細胞與去除細胞核的未受精卵在電場內融合，再移植到代理孕母的羊子宮內，經過約 150 天的懷孕期便產下了桃莉，牠的誕生可說是幸運中的幸運，總共實驗 277 次才成功 1 次。

2003 年 2 月 14 日桃莉因嚴重肺病，向世人說再見，由培育牠的蘇格蘭羅斯林研究所執行安樂死，存活六歲又七個多月。

UNIT 10-8
基因專利

各國現行專利制度，只針對經人為加工而分離於自然狀態的基因，給予專利權之保護；即專利法所保障的基因專利，僅限存在於生命體之外的形式。「基因金礦」的探勘與利用，之所以備受矚目，主要在於背後龐大的商機；基因知識、基因科技及生殖技術的突破性發展，創造出前所未有的新基因、新染色體、新病毒、新生物等。

隨複製羊桃莉的誕生，及各種基因改造動物的實驗成功，複製人和基因改良人種的出現，似乎也只是時間早晚的問題而已，也正因此，基因專利最引人詬病之處即是違反道德；不過，從另一觀點，莫非有專利權作為激勵獎賞的手段，基因工程產物或許就無法這麼早問世。既然基因專利勢所難免，如何有效管理考驗著監管部門的智慧；接續介紹美國相關法制與規範，以供參考。

（一）美國案例

1911 年 Parke–Davis & Co. v. H. K. Mulford Co. 案，Learned Hand 法官認為將人體器官組織中的基因抽離，是一種從本體萃取的過程，進而成為兼具商業運用與治療效用的程式，當然符合專利要件；即美國法院肯定人工提煉的腎上腺素，可以申請專利。1980 年 Diamond v. Chakrabarty 案，關於活體組織與基因、幹細胞等申請專利的爭議，聯邦最高法院做出定論，認為人類所製造活體的微生物是專利事項，細菌已明顯改變且具實用性，即自然事物必須呈現與原貌迥異的改變，才能成為申請專利的客體；此判決提供生物科技業另類思維與機會，並重申美國專利法立法目的——保障陽光之下人類製造的任何事項，確立修改或加工過的基因產品，只要是經過

人工努力而非大自然的產物，便可申請專利。

（二）專利要件

基因序列原就存在於自然中，並非科學家發明而來，參酌 2001 年更新的審查基準（Utility Examination Guidelines），建議申請基因專利時，應特別注意的事項有：❶審查基準需增加基因訊息，過多資訊是否易導致不符實用性，降低取得專利的機率，此時，申請人只能從以往被拒絕的申請案中，找尋出對自己最有利的依據作為標準；❷申請人必須證明發明嶄新且非先前技術（prior art），基因原本即存在於人體，要證明符合新穎性要件，必須先排除法規對基因所有權的疑慮，換言之，對於存在於自然人體內的基因或其排序，科學家及研究機構如何證明符合專利要件，才是重點所在；❸如何填寫專利申請書及確定申請範圍，才能增加專利被核准的機率，這也是目前專利師及專利事務所的重要業務。

小博士解說

幹細胞（Stem cell）存在所有多細胞組織裡，能經由有絲分裂與分化，具有不斷複製形成多種的特化細胞；即具有再生各種組織器官的潛在功能。無論是成人幹細胞或胚胎幹細胞，其研究對於疾病的治療皆有顯著性的功效；舉例來說，胚胎幹細胞有分化成神經細胞的潛力，若未來實驗成功，中風、神經受損、脊髓損傷的癱瘓病患，都可利用培養分化來的神經細胞，進行修補受損神經的醫療行為。生化科技研發為此提供無比的想像空間，正是科學家努力在日新月異的研究中，為人類做出的貢獻。

Greenberg v. Miami Children's Hospital Research Institution, Inc.案

有關Canavan病（中樞神經系統海棉狀變性），是一種罕見性基因疾病，常發生於具有艾希肯納茲猶太血統（Ashkenazi Jewish）的家庭中，造成對腦部的損害進而失去視力；當研究人員發現形成病因的基因序列後，對於治療有相當幫助，據此Rabbi Josef Ekstein在美國紐約設立一個針對Canavan病的基因研究中心，他並指出若專利授權後，病人的診療檢測費用過高，則罹患病症的兒童無異被剝奪生存的機會；罕見疾病與基因異常，帶給病患的痛苦與負擔，沒有經歷過的人是無法想像的，生物科技的研發創新是為了改善人類全體的生活，而不是為了獨厚財團或利益團體的財富累積。因此，決定基因專利的核駁，應考量更多倫理與道德的層面。

成立資源共享的專利資料庫

優點	❶專利資料庫非一己之力所能設立 ❷能提供給研究人員運用基因專利資訊的平台，減少向各別專利權人取得專利的時間與授權金
缺點	增加談判協調的時間和費用
解決之道	如果可以用較便利的方式取得多種授權，皆能降低檢測或應用基因資訊的費用，有利於提供更好的服務品質和更低廉的費用給檢測人，而能真正造福廣大民眾，對國家健保政策與社會福利有益

藉由對基因的研究找尋對人類疾病的檢查治療方式，或提高人體健康免疫力的佳徑，基因在判斷遺傳性疾病與療效上扮演重要角色，為解讀人體結構的祕密開展無限空間，造福全人類和動植物新品種的改良；簡言之，專利權的保障乃確定權利人的獨占性，專利期間經過後其他人可以加入市場，將此種專利技術發揚光大利益社會，而賦予專利權人以授權方式獲取利益，也是鼓勵研發保障發明人心血的積極手段。

國家圖書館出版品預行編目資料

圖解專利法／曾勝珍, 嚴惠妙著. -- 四版. -- 臺
北市：五南圖書出版股份有限公司, 2022.09
面；　　公分

ISBN 978-626-317-998-1（平裝）

1.CST: 專利法規

440.61　　　　　　　　　　111009747

1QK6

圖解專利法

作　　者 ─ 曾勝珍（279.3）、嚴惠妙

發 行 人 ─ 楊榮川

總 經 理 ─ 楊士清

總 編 輯 ─ 楊秀麗

副總編輯 ─ 劉靜芬

責任編輯 ─ 呂伊真

封面設計 ─ P.Design視覺企劃、王麗娟

出 版 者 ─ 五南圖書出版股份有限公司

地　　址：106台北市大安區和平東路二段339號4樓

電　　話：(02)2705-5066　　傳　真：(02)2706-6100

網　　址：https://www.wunan.com.tw

電子郵件：wunan@wunan.com.tw

劃撥帳號：01068953

戶　　名：五南圖書出版股份有限公司

法律顧問　林勝安律師事務所　林勝安律師

出版日期　2014 年 1 月初 版 一 刷
　　　　　2017 年 12 月二 版 一 刷
　　　　　2019 年 10 月三 版 一 刷
　　　　　2022 年 9 月四 版 一 刷

定　　價　新臺幣350元

經典永恆·名著常在

五十週年的獻禮——經典名著文庫

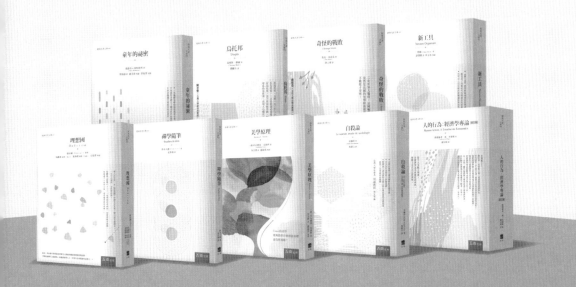

五南，五十年了，半個世紀，人生旅程的一大半，走過來了。

思索著，邁向百年的未來歷程，能為知識界、文化學術界作些什麼？

在速食文化的生態下，有什麼值得讓人雋永品味的？

歷代經典·當今名著，經過時間的洗禮，千錘百鍊，流傳至今，光芒耀人；

不僅使我們能領悟前人的智慧，同時也增深加廣我們思考的深度與視野。

我們決心投入巨資，有計畫的系統梳選，成立「經典名著文庫」，

希望收入古今中外思想性的、充滿睿智與獨見的經典、名著。

這是一項理想性的、永續性的巨大出版工程。

不在意讀者的眾寡，只考慮它的學術價值，力求完整展現先哲思想的軌跡；

為知識界開啟一片智慧之窗，營造一座百花綻放的世界文明公園，

任君遨遊、取菁吸蜜、嘉惠學子！